電気と磁気の歴史
A History of Electricity and Magnetism

人と電磁波のかかわり

重光 司 著

東京電機大学出版局

まえがき

　私たちの住んでいる空間には，地球に由来する地磁気，雷などの自然現象による電磁波，アンテナから放射される電磁波，加えて日々の生活で使っている電気・電子機器からも電磁波が放射されています。電磁波は肉眼で見ることはできませんし，電磁波は地球表面だけではなく，宇宙空間にまで広がっています。

　電磁波は電界と磁界が組み合わさって，波として空間を振動して伝わっていきます。そのため，電磁波は周波数と波長で表わすことができ，両者の積は一定の値，つまり光の速度である30万km/s（3×10^8 m/s，正確には$2.997\,924\,58 \times 10^8$ m/s）です。

　私たちが家庭で使っている電化製品は，50Hzまたは60Hzの周波数からなる電磁波を発生しています。たとえば，周波数が50Hzの電磁波は，波長で表わすと6,000kmになります。また，電子レンジで使われている周波数2.45GHzは，波長が約12.24cmになります。

　電気については古くギリシャ時代に，静電気つまり琥珀を毛皮で擦ると電気が貯まるという現象が観察されていました。磁気については1600年に，イギリスのギルバートが『磁石論』を著わし，磁気を科学的に扱った最初の人として有名になりました。この『磁石論』が，その後の西欧における科学の発展に大きく寄与し，自然の中の電気と磁気についての理解が進んでいきました。

　18世紀，静電気の時代の大きな発明は，電気を貯めることができるライデン瓶でしょう。ライデン瓶を用いて多くの電気実験が行なわれました。1752年にはフランクリンが雷雲に向かって凧を揚げ，雷の電気をライデン瓶に蓄えることに成功しています。イタリアの科学者ガルバーニは，カエルの足が痙攣するのを見て動物電気を発見しました。その後，1800年に，ガルバーニとボルタとの間でなされていた動物電気と金属電気の討論から，ボルタが安定的に電気を取り出すことができる電池を発明することになりますが，電池の発明以

前は，科学者がどちらかというと興味本意で電気や磁気について実験を繰り返していました。

1800年を境として電気の研究は，静電気の時代から，ボルタ，エルステッド，アンペール，オーム，ファラデーなどと継続して動電気の時代に入り，マックスウェルによって今日の電磁気学が開花するに至りました。1860年代から1870年代にマックスウェルが電磁波の理論予測を発表し，1888年にヘルツが火花放電により電磁波の存在を実験的に確かめることに成功しました。この間，今日の電磁気学の体系は，完成してから約150年の歴史を有しています。電磁波を利用することで，私たちの文明は大きく進歩し，近代社会に大きな変革をもたらしました。

本書は，1600年のギルバートの『磁石論』の発表以降，静電気の時代を経て，電力・通信技術の確立や電信や電灯などの電気を用いた技術が成立していった19世紀中葉から20世紀初頭，また電力や通信技術が完成していった20世紀後半までの電気の歴史の中で，私たちと電磁波がどうかかわってきたかをいくつかの話題に沿ってまとめたものです。とくに自然を発生源とする環境中の電磁現象，電力や通信技術にみられる人工的な電磁波と，私たち人間や生き物がどのようにかかわってきたかを，わが国も含めた歴史的な視点をふまえ，時代を交差させながら，時代を鳥瞰できるように心がけました。

電気を送るのに使われている50Hzや60Hzのように周波数が低く，波長の長い電磁波は電磁界（または電磁場）として扱うことができます。本書では周波数の低い場合も電磁波という表現を用いてタイトルと調和をとっていますが，引用している文献のオリジナリティを尊重する場合には必要に応じて，電磁界または電界，磁界という用語を用いています。

本書ではコラムとして，電気の基本的な単位に名前を残している著名な科学者にまつわる話題も取り上げました。電気と磁気の歴史の中で，人が電磁波とどのようにかかわってきたか，その一端を覗いていただければ幸いです。

2013年3月
著者しるす

CONTENTS

第1章 磁気と磁石

1.1 西暦1600年という年　1
1.2 磁気・磁石の医学的効用　6
1.3 催眠療法と生体磁気　10

第2章 地球の静電気

2.1 動物電気　20
2.2 空中電気　26
2.3 エレキテル　37
2.4 清々しさ　45

第3章 地球を駆ける

3.1 生物圏の物理環境　57
3.2 シューマン共鳴　65
3.3 脳波との類似性　69
3.4 低周波電界と概日リズム　73

第4章 植物と電磁波

4.1 電気刺激　82
4.2 収穫・生長促進　89

第5章 診断とホルモン

5.1 ノーベル生理学・医学賞　97
5.2 メラトニン仮説　100

第6章　自然電磁界とのかかわり

6.1　電気感覚と探索行動　　109
6.2　回遊とストランディング　　116
6.3　魚の電気感受　　120
6.4　マグネタイト　　122

第7章　低周波電磁波を巡る

7.1　地磁気とミツバチとウシ　　132
7.2　送電線との調和　　139

第8章　高周波電磁波をたどる

8.1　アレニウスと高周波電流　　151
8.2　マイクロ波との付き合い　　158
8.3　エジソンと電気椅子　　167

コラム1　ファラデー　　18
コラム2　オーム　　55
コラム3　クーロン　　80
コラム4　アンペール　　95
コラム5　ワット　　107
コラム6　ガウス　　130
コラム7　テスラ　　149
コラム8　ヘルツ　　179

索引　182

第1章

磁気と磁石

　西暦1600年，イギリスの医師ウイリアム・ギルバートが『磁石論』を著わしました。自然科学の歴史では，この『磁石論』が著わされた1600年から，磁気学が始まったとされています。わが国では関ヶ原の合戦があった年です。この時代の西欧における自然科学について，磁石や磁気の効用にまつわるオカルト的な思想が次第に生体磁気や磁気科学へと広がっていった様子を，わが国の歴史と対比させながら見ていくことにしましょう。

1.1　西暦1600年という年

　西暦1600年，磁気の研究では歴史上有名な『磁石論』(*De Magnete*) がイギリスの医師ウイリアム・ギルバート（William Gilbert, 1544-1603）によって著わされました[1]。ギルバートは，イングランドはエセックスのコルチェスター（Colchester）で生を受け，ケンブリッジ大学で医学を修め，1573年にロンドンで開業して医師としての名声を博していきました（図1.1）[2]。女王エリザベス1世（Elizabeth I, 1533-1603）の侍医としても活躍し，1603年に亡くなった女王の後を追うように，その数カ月後に亡くなりました。死因はペストだったといわれています。

　ギルバートは，医師のかたわら磁石の研究を進め，地球それ自体がひとつの大きな磁石であることを，球形の磁石のまわりの小さな磁石のふるまいから類推しました。古来より，磁石が南北の方向を向く，また磁石が鉄を引きつけるという現象は目新しいことではありませんでしたが，さまざまな磁気現象につ

いて緻密な実験と推論の末に磁気学の基礎をつくりあげたことで、いまでは科学史にかならずギルバートの名前を見ることができます。『磁石論』の正式のタイトルは、日本語に直せば『磁石と磁性体、そして大きな磁石である地球について、多くの論述と実験で証明された新哲学』です。このタイトルからわかるように、ギルバートの主張は地球は大きな磁石であるということであり、ここでいう「新哲学」とは「磁気による哲学」を意味し、その後の西欧における科学哲学に大きな影響を与えました。

図 1.1　ギルバート [2]

　この頃のヨーロッパは、ニコラス・コペルニクス（Nicolaus Copernicus, 1473-1543）による地動説の提唱や、天文観測を行なったティコ・ブラーエ（Tycho Brahe, 1546-1601）、ティコ・ブラーエの膨大な観測データをとりまとめケプラーの3法則を見いだして天文学の発展に寄与したヨハネス・ケプラー（Johannes Kepler, 1571-1630）などの学術により、宇宙の理論的な体系づけによる近代科学の出発点となるような時期でした（図1.2）。ケプラーがティコ・ブラーエの招きに応じて、プラハに移ったのは1600年頃のことです。また、1600年代は、イタリアのガリレオ・ガリレイ（Galileo Galilei, 1564-1642）（図1.3）やフランスのルネ・デカルト（René Descartes, 1596-1650）らが生きていた時代でもあります。イギリスでは、ガリレオと同じ年に生まれた劇作家で詩人のウイリアム・シェイクスピア（William Shakespeare, 1564-

1616）が活躍しており，シェイクスピアの四大悲劇のひとつである『ハムレット』は1600年頃に書かれたのではないかといわれています。ハムレットの舞台はデンマーク，コペンハーゲンから北へ約30kmに位置するクロンボー城です。

図1.2　ケプラーの法則発見400年
（ヨーロッパ切手，ドイツ，2009年）

図1.3　ガリレオ・ガリレイ生誕400年
（ハンガリー切手，1964年）

　近代科学の黎明期に現われたギルバートは，地球は大きな磁石であると述べて有名になりましたが，残念ながら『磁石論』には，先人の重要な仕事が引用されていなかったり，また引用してあっても自分の仕事であるかのように論述していることが散見されます。たとえば，イタリアのナポリ生まれのデッラ・ポルタ（Giambattista della Porta, 1540-1615）が著わした『自然魔術』（1558）の第7巻（第1版）の56章からなる「磁石の不思議について」や，伏角（磁針の北は水平より下の方向を向く）の発見と測定を行なったイギリスの職人ロバート・ノーマン（Robert Norman）の研究（1581）などです。

　このようなことから，『磁石論』は全6巻すべてが積極的に評価されているとはいえません。しかし一方で，高く評価されている章もあります。第2巻2章です。ギルバートは検電器を考案し，さまざまな物質の静電気的な引力に関する議論を重ね，今日の静電気現象研究の出発点を築いたとされる部分です。いくらか問題は残りますが，ギルバートが『磁石論』を著わしたことから，彼が磁気学の祖といわれているのは間違いのない事実です。

　なお，なぜ地球が大きな磁石であるかという疑問に対しては，いまだに十分

に信頼できる解答は得られていませんが，ダイナモ理論により一応の決着がついています．それは，地球中心を占める溶融鉄の流体からなっている核内で，ダイナモ作用とよばれる発電が進行し，その電流がつくる磁界が地球の磁界，すなわち地磁気になっているという考え方です．

ところで，1600年という年に，わが国ではいったい何が起きていたでしょうか．1600年（慶長5年），天下分け目の戦いとして世に名高い関ヶ原の合戦の火蓋が切って落とされました．東軍の総大将徳川家康（天文11年－元和2年，1542-1616）が率いる10万と，西軍は豊臣秀吉（天文6年－慶長3年，1537-1598）の家臣である石田三成（永禄3年－慶長5年，1560-1600）を中心とした8万の両軍が，関ヶ原で対峙しました．9月15日，霧の中，わずか6時間の激戦の末，西軍の三成軍が敗走して勝負がついたといわれています．この戦いに勝利した家康は秀吉の天下を引き継ぎ，その後約250年にわたる徳川による幕藩体制のきっかけを手に入れたことは歴史上有名です[3]．いまから振り返ってみると，この関ヶ原の戦いは，わが国の将来の運命を左右する大きな戦いであったといえます．

じつは，関ヶ原の合戦に先立つ数カ月前の3月に，オランダ船リーフデ号（正式名はエラスムス号（Erasmus））が，いまの大分県（豊後）臼杵市港外の海岸に漂着したことも，わが国の歴史にとって重要な出来事でした．この船には日本の歴史に大きく貢献するイギリス人ウイリアム・アダムスとオランダ人ヤン・ヨーステンが乗り合わせていました．ウイリアム・アダムス（William Adams, 1564-1620）は関ヶ原の合戦に勝利した家康に外交・通商顧問として仕え，三浦半島（横須賀）に領地を賜わった三浦按針その人です．また，日本名，耶楊子のヤン・ヨーステン（Jan Joosten van Lodenstijn, 1556?-1623）も同様に家康に顧問として仕え，今日では江戸での住居跡，東京八重洲の地名に彼の名が残っています（図1.4）．

このような歴史上の出来事から1600年は，わが国とオランダ・イギリス両国との交易が始まった年であるとされています．イギリスは1600年に東インド会社を設立しました．ちなみに，漂着したリーフデ号はその後，江戸まで回航されましたが，残念なことに解体されました．そのとき，木製の船尾を飾っていた高さ約1mの立像エラスムス像だけは解体を免れ，いまではオランダと

図 1.4　東京八重洲口地下街陶板
（時計回りで右上から徳川家康，リーフデ号，三浦按針，ヤン・ヨーステン）
（平成 23 年 9 月 26 日撮影）

の交易の象徴としてわが国の重要文化財に指定されて東京国立博物館に保存されています。

　余談ですが，1609 年，メキシコに向かっていたスペイン船「サン・フランシスコ号」が御宿沖で遭難しました。このとき，漂着した乗組員を救ったという史実が日本とメキシコの交流の始まりとされています。乗組員がメキシコに帰る際は，家康が三浦按針に設計・建造させた新しいガレオン船が使われましたが，このガレオン船は太平洋を横断した第一号の船といわれています。

　このように，わが国では 1600 年以降，三浦按針やヤン・ヨーステンが外交的に活躍する一方，幕藩体制の基礎が次第に築かれていきました。1633 年（寛永 8 年）には徳川家光（慶長 9 年 − 慶安 4 年，1604-1651）により，オランダや中国や朝鮮以外の国々との貿易を禁止する第 1 次鎖国令が発布され，徳川による政治体制が強固なものになっていきました。歴史上のことがらには「もし」ということはありませんが，もし鎖国令が発布されていなかったとしたら，西欧の近代科学の導入によりわが国の近代化が早まったのか，中国と同じように西欧列強に侵略されたのか，興味が尽きません。

1.2 磁気・磁石の医学的効用

ウイリアム・ギルバートの『磁石論』第1巻14章に「磁石のほかの諸力,その医療性」,また15章には「鉄の医療力」の項目が立てられ,磁石の医学的効用が述べられています[1]。14章では,

> ニコラウス（筆者注；ギリシャの医者）は神的膏薬の中にかなり大量の磁石を入れている。それはちょうどアウグスブルグの医師たちが,新たな切傷や刺傷のための黒色膏にいれているのと同様である。その痛みを覚えさせずに乾燥させる力のゆえに,それは効験ある有力な治療薬になっている。同様にパラケルススもまた同じ目的から,かれらの刺傷用の膏薬のなかに成分（著者注,磁石）としていれている。

と記述され,治療に磁石を用いた医師としてのパラケルススの名前が出てきます。このように古来より,磁石や磁気のもつ能力が医療薬として使われてきたことを垣間見ることができます。

私が初めて『磁石論』でパラケルススの名前を目にしたときは,磁石や目に見えない磁気の能力を利用して病人を治療する,医師・魔術師・錬金術師という印象をもちました。その後,医師・神学者・思想家としてルネッサンス期のドイツで活躍し,ヨーロッパ中を放浪した知識人としてのパラケルススが本当の姿であることがわかってきました。たとえば,夏目漱石の『吾輩は猫である』には,

> 事件は大概逆上から出る者だ。逆上とは読んで字の如く逆さまに上る(のぼ)のである,此点に関してゲーレンもパラセルサス（著者注,パラケルスス）も旧弊なる扁鵲(へんじゃく)も異議を唱ふるものは一人もない。

とあって,古来より著名な医師のひとりとしてパラケルススがさりげなく描かれています[4]。なお,ゲーレン（Claudius Galenos, 129-200）はマルクス・アウレリウス帝（Marcus Aurelius Antoninus, 121-180）の侍医として宮廷

に仕えた人です。また，扁鵲は中国春秋時代の伝説の名医で本名は秦越人といい，司馬遷（紀元前145-？）の『史記』にも伝説的な名医として出てくる人物です。

　パラケルススは，本名をテオフラストゥス・フィリップス・アウレオールス・ボンバストゥス・フォン・ホーエンハイム（Theophrastus Philippus Aureolus Bombastus von Hohenheim, 1493?-1541）といい，スイスのチューリッヒ近くのアインジーデルン（Einsideln）で生まれ，ザルツブルグで貧窮のうちに客死しています。パラケルススは父親から医学を学び，錬金術（化学）を学び，さらにヨーロッパ中を遍歴しながら医学を身につけていきました。パラケルススは，炭坑夫の塵肺，鉱毒による中毒などに注目し，鉱山病を告発しており，いまから考えると産業医学の先駆となる著書もあります。パラケルススは他者から「錬金術師」とよばれていることを嫌っていたようです。有名な画家のルーベンス（Peter Paul Rubens, 1577-1640）がパラケルススの肖像画を描いたと伝えられています（図1.5）。ドイツでは，1993年にパラケルススの生誕500年記念切手が発行され（図1.6），またパラケルススにちなんだ通りや学校まであります。

図1.5　ルーベンス作とされるパラケルスス肖像
（©Musées royaux des Beaux-Arts de Belgique, Bruxelles）

図1.6　パラケルスス生誕500年
（ドイツ切手，1993年）

ところで,実際のパラケルススはどのような知識人だったのでしょうか。彼には医学,錬金術(化学),神学など多岐にわたる著述がありますが,それらはすべてドイツ語で書かれており,当時の学術書の標準であるラテン語ではありません。ドイツ語による講義や著作を行なっていることが歴史的には重要な意味をもっています。当時ルネッサンスで学術が花盛りのイタリアから遠く離れた未開の地ドイツで,学術の向上を意図してか,またラテン語でのみ通じる特権的な集団への対抗意識があってか,あえてドイツ語で著作に励んだのかもしれません。

ちなみに,パラケルススと同時代のドイツを代表する画家デューラー(Albrecht Dürer, 1471-1528)もドイツ語で著書を著わしています(図1.7)。アウグスブルグ(Augsburg)生まれのデューラーの絵はドイツ国内また世界中の美術館で見ることができ,動物や植物を題材にした写実的な絵はとても印象的です。

図1.7 デューラー画「自画像」(ドイツ切手,2006年)

パラケルススの医学理論はオカルト的な思想に包まれており理解しづらい面もありますが,医学的な実践では驚くべき奇跡のような治療を行なったとされ,下血や脳溢血などのさまざまな病気に磁石を用いた磁気治療を推奨しました。わが国では,リーフデ号に名を残すエラスムス(Desiderius Erasmus, 1467?-1536)がスイス,バーゼルでパラケルススに診断を受けた話が伝わっています。パラケルススの生涯と思想については,大橋博司の『パラケルススの生涯と思想』に詳しく書かれています[5]。

ともあれ，磁気治療は磁石の内服というかたちで古くから行なわれており，近年になって発見されたことではないようです．ドイツ，ゲッティンゲン大学教授のベックマン（Johann Beckmann, 1739-1811）は『西洋事物起源』のなかで，「磁石から発する不思議な力を人体に用いる磁気治療は近代になって流行しはじめたが，発明したのはパラケルススだ」と，磁気治療の先駆者と述べています[6]．また同書の「磁気治療」の項目でベックマンが述べている次のようなことは，磁石や磁気の医学的効用がとりざたされている昨今の状況を考えると，いまでも当てはまるのではないかと思います．

　1798年頃，パーキンス（Perkins）という男が，トラクター（tractor）と呼ばれる金属棒でさまざまな病気を治療する方法を発明した．この棒を身体のさまざまな部分に当てて動かすと，でき物や頭痛等のさまざまな病気を治すと思われていた．この金属棒は特許になった．それから数年たって，ファルコナー（Falconer）博士は，一見してパーキンスの金属棒と見分けのつかない木製のトラクターを作った．これをバス（Bath）の病院で大々的に使用したところが，金属製のものと全く同じ治療効果のあることがわかった．それ以来，トラクターのことはほとんど聞かれなくなり，いまや忘れ去られてしまった．

　ごく最近，イギリスにおいて，公衆を惑わす磁気リングが出現した．これは，手の指や足の指にはめ，さまざまな病気を治したり予防したりするというものである．これはガルバニックリングと呼ばれた．だが，これは正に，磁石を用いた動物磁気説や，トラクターを用いた療法の類である．

　金属製トラクターについて語ったことが，磁気リングについてもそのまま当てはまる．磁気リングを作っている2つの金属を接触させると，ごく小さな電流が流れ，従って磁気が発生しはするだろう．だが，リングを構成する金属片の組合せ方は，電磁気学の法則に無知であることを露呈するような馬鹿げたやり方であり，このようなことをしても，リングをはめた手足の指に電流が流れる形跡は少しもない．リングが木製であれ何であれ，あるいはリングが全くなくても，催眠術つまりガルバニズムという観点からみれば，全く同じ効果を生じるのである．

1.3 催眠療法と生体磁気

ザルツブルグでパラケルススが亡くなってから約200年後，フランス革命前にフランツ・アントン・メスメル（Franz Anton Mesmer, 1734-1815）（図1.8）が登場し，磁気催眠術（メスメルの動物磁気）による治療でパリ中を賑わしました。

図1.8　メスメル

メスメルは，ドイツ，スイス，オーストリアにまたがるボーデン湖（別名，コンスタンツ湖）近くのイツナング（Iznang）で生まれました。両親はメスメルを聖職者にしたかったようで，最初メスメルはイエズス会の神学校に入学しましたが，1760年以降6年間，ウィーンで医学を修め医師の免許を取得しました。学位論文は「惑星の影響」であり，この論文をきっかけとして動物磁気の概念を展開していきました。天体，地球，生物の相互作用を円滑にする流体が宇宙に満ちているという内容で，この流体は磁石がもっているものと同じ性質を有しているとしました。

メスメルの思想にはパラケルススの考え方が反映されています。天体や地球から流体が発せられ，流体は人の体の中に流れ込んでおり，このバランスが壊れた場合に病気になり，その病気に磁石を当てると悪い流体が体外に流れ出て回復するというものです。病は流体の不均衡によって起きるとみなし，磁石で人体の磁気をコントロールし，体内の流体の循環の調和をとることで病気が治るとしました。この手法は，医師が強い磁気流体を放射する能力をもち，患者の体内に磁気流体が注入され磁気化された催眠状態による治療とされていま

す。メスメルが行なった動物磁気による治療の効果の真偽は，空中電気を見つけたフランクリン（Benjamin Franklin, 1706-1790），質量保存の法則で有名な化学者ラボアジェ（Antoine Lauvent Lavoisier, 1743-1794），ギロチンに名前を残した有名なギヨタン（Joseph Ignace Guillotin, 1738-1814）などからなる審査委員会が科学的な調査を行ない，暗示の力や想像力で引き起こされるのであって，動物磁気としての磁気流体の存在を否定した結果を報告しました。この報告書はフランス語から英語に翻訳されています[7]。審議委員会の委員長を務めたのが，アメリカのフランス初代大使のフランクリンです。

　1768年，メスメルはウィーンで裕福な男爵の未亡人と結婚し，医者として開業しました。同時に，音楽に玄人なみの素養があったようで，ハイドン（Franz Joseph Haydn, 1732-1809）（図1.9），モーツァルト（Wolfgang Amadeus Mozart, 1756-1791）（図1.10）など音楽家のパトロンとして注目を集めていました。モーツァルトは若干12歳，ハイドンは36歳であったといわれています。モーツァルトは神聖ローマ帝国皇帝で，マリー・アントワネット（Marie Antoinette, 1755-1793）の兄であるヨーゼフⅡ世（Joseph Ⅱ, 1741-1790）の依頼でオペラ「ラ・フィンタ・センプリーチェ」（みてくれの馬鹿娘）を作曲しましたが，上演にあたってはさまざまな妨害があり，ウィーンでは上演できませんでした。そのとき，落胆した12歳のモーツァルトを元気づけたのが，メスメルによる牧歌劇「バスティアンとバスティエンヌ」の作曲依頼でした。メスメルは，モ

図1.9　ハイドン没後200年
（オーストリア切手，2009年）

図1.10　モーツァルト没後200年
（ユーゴスラビア切手，1991年）

ーツァルトに作曲を依頼しましたが初演の状況は不明であり，少なくともメスメルの邸宅では演奏されたといわれています．その後，1790年，モーツァルトは喜劇オペラ「コジ・ファン・トゥッテ」（女はみなこうしたもの，または恋人たちの学校）のなかでメスメルの磁気治療を面白おかしく歌い，メスメルの名前を不滅のものにしています．

　メスメルが治療の失敗やスキャンダルによってウィーンを去りパリに入ったのは，フランス革命勃発の10年ほど前です．メスメルは，フランス革命直前の1785年にパリを去り，以降20年間の足跡が不明でしたが，スイスの市民権を獲得して1815年に亡くなっています[8]．その後，メスメルは次第に忘れ去られていきましたが，動物磁気の支持者が動物磁気を用いた治療活動を続け，心霊療法などに磁気催眠が取り込まれ，オカルト思想の一端を担っていくことになりました．1840年代には，メスメルによる催眠療法（メスメリズム）が息を吹き返しています．

　さて，催眠療法が息を吹き返した1846年に，マイケル・ファラデー（Michael Faraday, 1791-1867）は反磁性に関係する「新しい磁気作用について」と「あらゆる物質の磁気的状態について」という2つの論文を書いています．論文を書いた直後，催眠術師がファラデーに接近していきました．その目的は，催眠術についてファラデーの注目を引き出し，ファラデーから催眠術への賛同を得ることでした．ファラデーは催眠術についての公式な発言は避けましたが，その時代に流行っていたテーブル・ターニング（Table turning，日本ではコックリさんとして知られているものか？）についての懸念を抱いた様子が記録として残されています．1853年には，テーブル・ターニングが世間の興味にのぼったため，科学者としてのファラデーが現象の説明の矢面に立たされました．ファラデーは，この現象を科学的に解明するために王立研究所の書記ジョン・バーロー（John Barlow, 1799-1869）の自宅で開かれた交霊会に2度出席して，目の前で繰り広げられるテーブル・ターニングを観察して，テーブルが動くのは「準付随的な筋肉の作用」によってもたらせることを「The Times」紙への手紙で述べています[9]．

　また，その手紙のなかでファラデーは，催眠療法やテーブル・ターニングが一般大衆に与えるある意味では集団的な心理影響について，このような現象を

信じ込む多くの人がいることを見て、「私は、この問題を通して見られた人々の心理的状態を置き去りにしてきた教育制度は、ある極めて重要な原則に、大きな欠陥があると思う」と述べています。ファラデーが催眠療法、テーブル・ターニングにいかに対処したかについては、ハミルトン（James Hamilton）が書いたファラデーの伝記のなかで生き生きと書かれています[10]。また同時代、プロイセンの数学者ガウス（Carl Friedrich Gauss, 1777-1855）もテーブル・ターニング（テーブル叩き）という降霊術の不思議を調べています[11]。

　今日、メスメルの治療は暗示による催眠効果といわれています。わが国では1880年代後半、メスメリズム、すなわち動物磁気が紹介され、1900年（明治33年）以降、催眠術ブームが起こり、東京帝国大学助教授の福来友吉（1869-1952）が催眠術の心理学的研究を進めていきました。この時代で起きた有名な事件は、1910年頃の千里眼事件でしょう。熊本の御船千鶴子（1886-1911）が、次いで丸亀の長尾郁子（1870-1911）が透視の能力を得たと言い出し、福来はこれが事実であると世間に発表しました。加えて、福来が「念写」を発見したとして世間が騒ぎ始めました。この千里眼事件に関しては、当時の明治専門学校（現九州工業大学）初代総裁、元東京帝国大学総長の山川健次郎（1854-1931）、地磁気研究の田中館愛橘（たなかだてあいきつ）（1856-1950）ら一流の科学者が心霊実験の立会人として顔を揃えており、立会人の前で行なわれた実験から、透視は否定され催眠術は衰退していきました。

　さて、雪氷とくに雪の研究で世界的に有名で、「雪は天から送られた手紙である」という言葉を残した北海道大学教授の中谷宇吉郎（1900-1962）の随筆に「八月三日の夢」というのがあります[12]。

　　　　オランダの旧い大学
　　　　日本ではあまり知らない
　　　　磁場の変化で光を出す
　　　　生体磁気発光現象
　　　　薄暗い階段教室

という書き出しで、細々と夢の筋が書いてある。今思い出しても、近年にない珍しい夢で、しかも相当長い筋の込んだ夢であった。

(中略)

　直角三角形の各辺を「を」「え」「と」と決めて，一辺の二乗を他の辺の二乗の和に等しいと置く。黒板の上に

　　　ええ　おお　にに　はは　とと
　　　おお　ええ　はは

というような式が書かれる。それを全部消すと，アーク燈で照らして磁場の変化にあてると，光を出すという結果による。

　これが磁場の変化で光を出すという動物磁気による発光の理論的証明である。初めはどの光で照らしていいかわからない。アーク燈という名前は知らない。特殊の未知の放射線で照らすとしておく。そして数式の計算をすると「アーク」という字が残る。

(中略)

　随分広い講堂である。奥は薄暗くて，円天井に太い梁は入っている。その梁が白く目立っている。

(中略)

　梁の下に近づくと，試験管の中が紫色に光り出す。梁の中には鉄骨がはいっている。そこで磁場が強くなっているはずである。なるほどそうか，巧い指示実験だ。しかしどうも話が巧すぎる。夢かもしれない。夢は色が無いはずだが，確かにあの光は紫色に光っているから。夢ではないのだろう。試験管を大写しにしてよく見ると，ゼラチンのようなものがはいっていて，その中に網目のように光るところがある。その光の筋がだんだん拡がって，濃くなって行く。そしてゼラチン全体が紫色に光る。試験管を持った女学生が，しずかに梁の下を通り抜けて行くと，光がだんだん薄くなって行く。そしてふっと消えると，講堂の中は真暗になる。

　こういう全く新しい現象が，今まで知られていなかったというのが，不思議である。比較的簡単な実験で，こんなにはっきりしたことがわかるじゃないか。もっとも猫の生体の特殊作用だから，今まで誰も気がつかなかったのだ。生体を使う実験を，もっと沢山やらないといけない。生体の動物磁気というのは，全く新しい分野だ。日本へ帰ったら，この方面を一つ大いに開拓してみよう。

(後略)

随筆では，見た夢がそのまま夢の覚書です．加えて，

> どうしてこういう妙な夢を見たものか，今になって落付いて考えてみても，心当たりがないのが不思議である．

と綴られています．この随筆は昭和21年に出版された随筆集『春艸雑記』(生活社刊)に未発表のまま巻末に収録されています．その後，昭和41年に出版された『中谷宇吉郎随筆選集第2巻』には未発表との注意書きがなされて再録されています．

この「八月三日の夢」が随筆集に収録されてからすでに70年近くの歳月が流れています．今日，随筆に書かれている生体磁気発光，生体の動物磁気などの現象が何を指しているかは定かではありません．しかし，これらを磁気科学・生体磁気という言葉でまとめると，ここ30年間で磁気に関する研究は急速に進歩を遂げています．これはテスラ級の高磁界を発生できること，また磁気の研究で得られた結果を科学的に客観的に物理量・化学量として計測できることがきっかけとなっていることが大きいのではないでしょうか．磁気科学・生体磁気の研究を進めている国際的な研究組織として国際生体電磁気学会が，国内では磁気科学会，生体磁気学会などがあります．また広く磁気科学の研究が理学，工学，医学，生物などの多く分野にまたがる学際的な分野としてほぼ確立されてきています．英語での「Bio」(バイオ)(生物，生体)と「electromagnetism」(エレクトロマグネテズム)(電磁気)，「magnetism」(マグネテズム)(磁気)などを合成した言葉である「Bioelectromagnetism」(バイオエレクトロマグネテズム)(生体電磁気)，「Biomagnetism」(バイオマグネテズム)(生体磁気)も学術用語として定着してきています．

古くはメスメルによる動物磁気による催眠療法が席巻した時代がありましたが，21世紀に入り生体の電気ならびに磁気的な現象を科学で扱うようになりました[13]．中谷の随筆にあるような生物の発光について，生体磁気の研究ではテスラ級の磁界を発生することができるようになってから，生物の発光現象を観察することが可能となってきています．また，磁気の作用として磁気による刺激で反応が促進する場合と，沈静させる麻酔のような作用の両方が見られ

1.3 催眠療法と生体磁気

るようになってきました。神経は，電気信号を通すためとくに磁気の作用を受けやすいとみられがちですが，動物のように神経系のなかに生化学反応系が含まれると，磁気の作用が多様化します。

たとえば，ホタルは動物ですから当然神経をもっており，またよく知られているように生物発光を起こします（図1.11）。生物発光は，バイオルミネッセンスあるいは冷たい発光ともよばれます。ホタルの発光は，ルシフェリン・ルシフェラーゼ反応（L−L反応）によって起きています。このL−L反応は今日では，医学研究における発光マーカーとして用いられるようになってきています。

図1.11 ホタル（Luciola cruciata）（千葉大学岩坂正和氏提供）

ホタルといえば，ゲンジボタル（Luciola cruciata）とヘイケボタル（Luciola lateralis）がなじみですが，世界にはホタルの名前がついた種は2000種が知られ，日本でも50種に及んでいます[14]。ホタルの発光は，ある周期をもって明滅します。磁界を加えたときに，このホタルのもっている明滅周期を，分光計により実時間測定を行ない，その変化をフーリエ変換してパワースペクトルにより周期性を求めるような実験から，発光現象（L−L反応）に対する磁界の影響を観察することができます。実際にホタルのもっているL−L反応に磁界を加えたときの発光現象を調べた研究があります[15]。

神経を磁気的に刺激する閾値に相当するパルス状の磁界（例として，最大7mTでその時間的な変化（dB/dt）が350T/s）をホタルにあてた場合，いったんは止まったホタルの発光が再び点滅する様子が見られます。10Tくらいの一定の強い定常磁界になると，逆に麻酔が効くような沈静作用が神経に作用した

ためか，ホタルの発光が磁界に入れた途端に静まる様子が見られます。強いパルス状の磁界や一定の定常磁界を加えると，ホタルの明滅の発光間隔が短くなり（発光頻度の増加），発光強度が減少するなどの現象が観察されます。このような現象は，高磁界中での渦電流（Eddy current）や反磁性物質への磁気力などで説明ができるのかもしれません。

　ホタルの神経の活動が磁界によって変化するとホタルの発光も影響を受けることから，ホタルを使った生物発光についての実験は，中谷の随筆にあるような磁界の作用による生物発光の変化を見ているのかもしれません。ホタル以外の生物，たとえば，発光するキノコ，海に生息するウミボタル，発光する貝，富山湾で水揚げされるホタルイカなどの発光も磁界で変化するのでしょうか。なお，ルシフェリンの精製は，2008年にノーベル化学賞を受賞した下村脩博士が世界で初めて成功しています。

◆ 参考文献
1）ウイリアム・ギルバート：『磁石論』，科学の名著(7)，三田博雄訳，朝日出版社，1981年。
2）Benjamin P: History of electricity, John Wiley & Sons, 1898.
3）中央公論社：『日本の歴史』，第13巻（江戸開府）および第14巻（鎖国），1966年。
4）夏目漱石：『漱石全集』，第1巻，319頁，岩波書店，1993年。
5）大橋博司：『パラケルスス生涯と思想』，思索社，1988年。
6）ヨハン・ベックマン：『西洋事物起源』，第1巻，318-323頁，特許庁内技術史研究会訳，岩波文庫，1999年。
7）Salas C, Salas D: Report of the Commissioners charged by King to examine animal magnetism (translation from the French). Skeptic, 4(3), pp.68-83, 1996.
8）ジャン・チュイリエ：『眠りの魔術師メスマー』，高橋純・高橋百代訳，工作舎，1992年。
9）Faraday M: Experimental researches in chemistry and physics, pp.382-391, Richard Taylor and William Francis, 1859.
10）Hamilton J: A life of discovery ― Michael Faraday, Giant of the scientific revolution ―, pp.351-353, Random House, New York, 2002.
11）ガイ・ダニングトン：『ガウスの生涯』，銀林浩・小島穀男・田中勇訳，東京図書，1976年。
12）中谷宇吉郎：『中谷宇吉郎随筆選集』，第2巻，47-51頁，朝日新聞社，昭和41年。
13）北澤宏一監修：『磁気科学』（磁場が拓く物質・機能および生命科学のフロンティア），アイピーシー，2002年。
14）大場信義：『ホタルの不思議』，どうぶつ社，2009年。
15）Iwasaka M, Miyashita Y, Barua AG, Kurita S, Owada N: Changes in the bioluminescence of firefly under pulsed and static magnetic fields, J Applied Physics, 109(7), 07B303(1-3), 2011.

コラム 1
ファラデー

　1791年，ファラデー（Michael Faraday, 1791-1867）はイングランドのサリー州，ニューイントン・バット（Newington Butts）村で，鍛冶屋職人の第3子として生まれました。この年には，音楽家モーツァルトが若くして亡くなっています。

　ファラデー5歳の頃，一家は職を求めてロンドンに移住しました。労働者階級の子供として生まれたファラデーは13歳のときから8年間，製本業も営んでいる書籍商リボー（George Riebau）の店に使い走りとして無給で勤めました。この間，リボーに可愛がられ，製本の仕事のかたわら化学や電気関係の知識を身につけ，次第に化学の勉強ができる仕事に就きたいと考えるようになっていきました。ファラデーにとっての転機は，リボーの上得意客であったイギリス王立研究所会員の紳士が王立研究所教授ハンフリー・ディヴー（Humphry Davy, 1778-1829）の講演会の入場券をプレゼントしてくれたことでした。

　ディヴーの講演を聴いたファラデーは，その講演内容をとりまとめたノートをつくり，立派な製本に仕上げました。講演を聴いた1812年の暮れに，この製本したノートを持ってディヴーに面談を申し込みました。幸いディヴーの助手に欠員が生じたため，1813年に正式に助手として採用されました。同じ年には，ディヴーの供をして1815年までの長いヨーロッパへの旅行に旅立ち，多くの科学者と交わり，見聞を広め，知識を身につけていきました。ディヴーに見いだされて以来，この旅行を契機として数多くの発明や発見をして一流の科学者に成長していきました。

　ファラデーにとって，この旅行はグランド・ツアーといえるものでした。グランド・ツアーは，イギリスから文明の進んでいたイタリア，フランスへの比較的長期にわたる旅行で，当時の先端の学術を身につける研修旅行です。労働者階級の生まれで十分な学問を身につけていなかったファラデーではありましたが，1862年に王立研究所を辞めるまで研究所の屋根裏に住まいを構えて，多くの栄誉を断り，生涯一研究者を貫きました。王立研究所を辞めるにあたっては，ヴィクトリア女王（Queen Victoria, 1819-1901）からハンプトンコートにある王室所有の住まいの提供を受け，1867年に亡くなるまでそこで過ごしました。

　歴史に「もし」ということはありえませんが，もしファラデーがノーベル賞のある時代に生きていたら何回受賞していたでしょうか。電磁誘導，電気分解，ベンゼンの発見，磁性，ファラデー効果など，自然科学の基礎をなす数多くの重要なことがらを

ファラデーは見いだしています。

今日，ファラデーは2つの単位に名前を残しています。1つは，基本単位としてのファラデー定数〔(Faraday Constant (F) = 9.6485309×10^4 クーロン/モル (C/mol)〕，もう1つは静電容量を示すファラッド(F)です。ファラデー定数は自然科学における普遍定数であり，ファラッドは物体に電気がどれだけ貯められるかを示す単位です。

ファラデーが亡くなった1867年は，わが国では文豪夏目漱石（夏目金之助，1867-1916），俳人である正岡子規（正岡常規，1867-1902）が生まれた年です。二度のノーベル賞を受賞したキューリー夫人もこの年に生を受けています。また，この年は，パリで万国博覧会が開催され，ノーベルがダイナマイトの特許をイギリスで取得し，日本では大政奉還がなされた年にあたります。

◆ 参考文献
1) ジェームズ・ハミルトン：『電気事始め―マイケルファラデーの生涯』，佐治正一訳，教文館，2010年
2) Hamilton J: A life of discovery―Michael Faraday, giant of the scientific revolution―, Random House, New York, 2002.

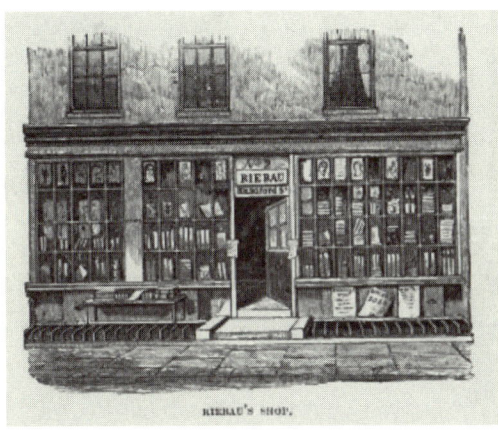

リボーの店
(Thompson, SP：Michael Faraday – his life and work.
Cassell and Company, London, Paris,
New York and Melbourne, 1898.)

ファラデー
(Benjamin, Park：History
of electricity,
John Wiley & Sons, 1898)

第2章

地球の静電気

　18世紀の後半，ガルバーニとボルタの動物電気・金属電気の論争により，近代の電磁気学が始まりました。ボルタは電池を発明しましたが，それ以前に静電気を貯めるライデン瓶が発明されていました。また，静電気のショックは放電によることなどがフランクリンらによって証明されています。静電気の時代，人々を楽しませるための道具としてもライデン瓶が用いられました。そこで，わが国での静電気の研究の歴史をまじえ，動物電気の発見から電池の発明とそれがもたらした話題，空中電気やライデン瓶を用いた大気中の静電気現象，空気イオンにまつわる話題などをいくつか紹介しましょう。

2.1　動物電気

　イタリア，ボローニア大学の解剖学者ガルバーニは，カエルの神経筋が痙攣することを観察し，動物電気（生体電気）を発見しました（図2.1）[1]。しかし，既に紀元1世紀には電気魚のことが知られており，痔や脱肛の電気的治療として電気魚を用いたとされ，またローマ皇帝クラウディウス（Tiberius Claudius Nero Caesar Drusus，紀元前10-54）の宮廷医者のスクリボニウス・ラルグス（Scribonius Largus）が痛風の治療にシビレエイ（*Torpedo nobilana*）を用いたとされています。また，旅行記『新大陸赤道地方紀行』に「電気魚は放電によって馬をも倒す」と書いたドイツのアレクサンダー・フォン・フンボルト（Friedrich Henrich Alexander, Freiherr von Humboldt, 1769-1859）は，動物電気に興味をもち，その本質を明らかにする実験を繰り返し行ない，電池

図 2.1　ガルバーニ[1]

を発明する一歩手前まで到達していたのではないかといわれています[2]。

　電気魚などで見られる発電現象が，生物が生命を営むのに必要な電気現象であるとして学術研究で取り上げるようになったのは，ガルバーニがカエルを使った実験からといわれています。カエルを使い多くの実験を行なったガルバーニは，1737年にボローニア（Bologna）で生まれ，ボローニア大学教授のガレアッチ（Domenico Galeazzi, 1686-1775）に解剖学を学び，同大学に勤め1762年には教授となり，最後には同大学の学長になっています。1764年にはガレアッチの娘と結婚しました。時代はライデン瓶など電気を発生する装置がつくられ，電気ショックを治療に用いる研究が進められるようになったときであり，ガルバーニは筋の収縮に関する研究を進めました。

　ガルバーニ（Luigi Galvani, 1737-1798）は，ボローニア大学で教授として在職した1762年以降，妻のルシア（Lucia Galvani, 1743-1790）を助手にして，起電機で起こした電気でカエルの脚を刺激する実験を行ないました。起電機で電気を発生させてその影響をみる以外に，空中電気の影響をみるためカエルの神経筋標本の一端を銅線で押さえて鉄の格子にぶら下げ，風で筋が鉄の格子に触れるたびに筋が収縮する現象を観察しました（図2.2）[3]。ガルバーニは空中電気がなくても筋の収縮が見られるため，筋肉には電気があり，筋と格子が触れるたびに電気的な回路ができあがり，筋の電気が回路を伝わって流れ，その電流で収縮が起きると考えました。1791年，これらの結果をガルバーニはボローニア大学紀要に「筋肉の動きによる電気の力」と題するラテン語の論文と

して発表しました。ガルバーニはカエルの筋を用いた実験結果から，観察した現象を次のように解説しています。「筋はライデン瓶のように電気を蓄え，金属で回路をつくると放電し，この放電によって筋肉が刺激され収縮する」と。

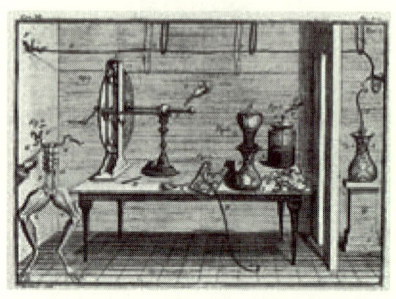

図 2.2 ガルバーニのカエルの脚を使った実験[3]

今日，ガルバーニが示したような電気の刺激で興奮するのは，神経細胞（ニューロン）であることがわかっています。神経細胞は長い軸索をもち，ここに電気信号が伝わります。イカを使った実験では，イカのもつ軸索が広くて大きな神経であるため容易に微小な電極を差し込むことができ，神経の膜を通して内側と外側とで静止電位・電位差の発生を確認することができます。この神経の興奮や抑制など，電気的活動・活動電位の発生にナトリウムイオンやカリウムイオンなどのイオンチャネルの開閉が関与していることは，イギリスの生理学者でケンブリッジ大学ホジキン（Alan Lloyd Hodgkin, 1914-1998）とハックスレー（Andrew Fielding Huxley, 1917-2012）の両教授が明らかにしました。両教授にはオーストラリア国立大学教授のエックルズ（John Carew Eccles, 1903-1997）とともに1963年，「神経細胞の末梢および中枢部における興奮と抑制に関するイオン機構の発見」によりノーベル生理学・医学賞が授与されています。

1791年は，ガルバーニが発表した報告により，動物電気・金属電気の論争が切って落とされた年です。この1791年は，電磁誘導で有名なマイケル・ファラデーならびにモールス信号で有名なモールス（Samuel Finley Breese Morse, 1791-1872）が生まれた年でもあります。

さて，ボローニア大学紀要を読んだパビア大学教授の物理学者ボルタ

図 2.3 ボルタ

(Alessandro Volta, 1745-1827) は，動物電気に興味をもちガルバーニの実験を繰り返し，その結果を1792年のイギリス王立学会誌に発表しました（図2.3）。

そこで述べられているのは，電気を発生するのは筋肉ではなく金属そのもので，筋肉の収縮は電気による神経の興奮であるとして，ガルバーニの発見を否定しました。ボルタは1794年度のイギリス王立協会のコプリー賞（イギリス王立協会によって1731年に創立）を授与されています。

一方，ガルバーニの甥であるアルディーニ (Giovanni Aldini, 1762-1834) は叔父の実験を手伝い，切り離したカエルの脚に電流を流してその反応を見る実験を繰り返しています。アルディーニは，1794年にボローニア大学の自然哲学の教授になりましたが，1798年にガルバーニが亡くなると，ヨーロッパ中を旅してガルバーニの動物電気を見世物として行なうようになっていきました。それは，人の死体に電気ショックを与え蘇生させることを見せるような過激な見世物でした。アルディーニはロンドンでもデモンストレーションを行なっています。イギリス，ロマン派の詩人パーシー・シェリー (Percy Shelly, 1792-1822) もアルディーニの実験に興味をもったのではないかと思われます。詩人との会話のなかにアルディーニの動物電気の話題があったであろう夫人のメアリー・シェリー (Mary Shelly, 1797-1851) は，弱冠21歳の1818年に，最初のゴシックロマンスといわれている有名な『フランケンシュタイン』を発表しています[4]。その序文に，

> おそらく屍をよみがえらせることはできるだろう。ガルバーニ電流がその証拠を示している。

とガルバーニの動物電気が創作のインスピレーションになったことが述べられています。なお，アルディーニがロンドンを訪ねたのは1802年で，パーシー・シェリーは10歳，メアリー・シェリーはわずか5歳でありました。

　ボルタはガルバーニの発見を否定する発表をした1792年以降，さらにいろいろな金属の組み合わせによる電位差を調べ，最終的に2つの異なった金属を液体につけるか，金属のあいだに湿った布をはさむことで電気が生じることを示しました。ボルタはスズと銀の板をそれぞれ重ね，そのあいだに塩水またはアルカリ水で湿した布切れで電池を構成させ，これを幾重に重ねていくことでパイル（Volta's pile：電堆；電池）をつくり，電気を取り出すことができることを発見しました。今日では，2つの金属を合わせたときに発生する電位を接触電位とよんでいます。試行錯誤の末，ボルタは正極に銅板を，負極に亜鉛板を配置し，希硫酸に浸したパイルをつくりました。このような実験結果を，ボルタは「異種の導電性物質の接触によって発生する電気について」と題する画期的な論文としてとりまとめました。この論文は1800年にイギリス王立協会の年報に掲載されています。その内容はパイルによって安定的に電気を取り出すことができることを示しています。安定的に電気を取り出すことができるボルタ電池の発明は，その後の電気の学術進歩に大きく寄与し，今日の電池の発展の基礎となっています。

　ガルバーニとボルタが動物電気・金属電気の論争をしていた時代は，フランス革命の直後であり，ナポレオン（Napoléon Bonaparte, 1769-1821）が天下を取っていく混乱のときです。ヨーロッパを席巻しようとしていたナポレオンは，1796年には北イタリアを占領するに至りました。このような時代のうねりにガルバーニとボルタは，ともに巻き込まれていきました。ガルバーニは，ナポレオンに忠誠を示す宣誓を拒否したために，1798年4月にボローニア大学の教授の職を解かれて追放され，数カ月後，失意のうちに亡くなったといわれています。

　一方，ボルタは，北イタリアのミラノ近くアルプスの麓コモ（Como）の町で1745年に名門の家系に生まれ，33歳でパビア大学の物理学教授に招かれました。ボルタは若いときから雷などの電気現象に興味をもち，電気盆を発明しています。1794年，49歳で結婚したボルタは，それまでに行なった多くの実

験で得られた結果を次々と発表していきました[5]。また，1781年から1784年にかけて，ボルタはイタリアからイギリス，フランス，ドイツへと旅立ち，ラボアジェやフランクリン，ゲッティンゲン大学教授のリヒテンベルグ（Georg Christoph Lichtenberg, 1742-1799）（図2.4）など当代の著名な科学者と会っています。ちなみにリヒテンベルグはドイツの物理学者で，今日では高電圧を加えたときに誘電体で観察される放電パターンが，リヒテンベルグの名前をとってリヒテンベルグ図形と名づけられています。

図2.4　リヒテンベルグ生誕250年（ドイツ切手、1992年）

ボルタはナポレオンに忠誠を尽くして気に入られ，レジョン・ドヌール勲章を授与されています。1803年，ボルタはナポレオンにパビア大学の教授の職を退くことを願い出ましたが，ナポレオンはこの願いを拒否する一方で，ボルタへの年金を増額しました。最終的にボルタは，1819年に大学を去ってコモに引退し，1827年に82歳で亡くなっています。なお，ボルタがパビア大学を去ってから100年後の1919年（大正8年）8月21日，わが国の徳冨健次郎（蘆花）（1868-1927）がコモ湖を訪れた際に，「午後4時，"Volta"は夏の装した男女さまざまの人々を満載して，Comoの町をはなれた」と旅行記『日本より日本まで』に書いています[6]。コモ湖を遊覧する汽船の名前はVoltaだったそうです。

すでに述べたように，1790年代以降，ガルバーニによる動物電気，ボルタによる金属電気の論争がなされましたが，この動物電気と金属電気の論争はそれぞれに科学的な真理を捉えていたことから，その後の学術の発展に大きく寄与しました。ガルバーニの動物電気の実験から電気生理学が医学における基礎科学の一分野となっていきましたし，ボルタの金属電気の実験は電池の発見ひいては現在の電磁気学の発展に寄与することになりました。ちなみに，福沢諭吉（天保5年－明治34年，1835-1901）の有名な『福翁自伝』によれば，「ガ

ルヴァニの鍍金法というものも実際に使われていた」とガルバーニの名前が電気の代名詞のように書かれていますし[7]，また手元にある専門分野の英和辞典を手にすれば，"Galvanism, Galvanize, Galvanometer, Galvanotropism" などガルバーニの名にちなんだ用語を見つけることができます。一方，ボルタは電圧の単位名であるボルト（Volt）に名を残しており，彼の業績が燦然と輝いています。

2.2 空中電気

　ボルタの電池の発明以前には，静電気の研究が進められました。人は経験的に電気現象に畏敬の念をもっていたようです。イタリア，地中海の船乗りが，悪天候時に船のマストの先端にコロナ放電で生じる光を発している状況を目にし，この発光した光をセントエルモの火（St.Elmo's light）とよんだと伝えられています。

　古くから畏敬の念をもたれていた大気中の電気現象は，小説ではさまざまな表現で著わされており，緊張感をもたらす場面で効果的に使われています。幻想や怪奇が主題のゴシックロマンスとして名高いイギリス，ホーレス・ウォルポール（Horace Walpole, 1717-1797）の『オトラント城綺譚』(1763)の最後，

　　「なに，娘は絶命？」とかれは狂乱の体で叫んだ。その刹那，轟然たる落雷の音が，オトラントの城を礎まで揺るがした。

とあり，「オトラントの城が雷とともに解体し城主に天罰が落ち，その後城の主は城主の権利放棄に署名をして修道院で受戒を受けた」と書かれています[8]。このゴシックロマンスでは，落雷は神の怒りの象徴とみなされています。

　イギリスのシェリー夫人は，稲妻の炸裂した電気で死体を蘇生させた人造人間のゴシックロマンス『フランケンシュタイン』(1818)を創作しています。この小説では雷を生命の根源とみなしています。小説では，人造人間に名前はありません。なぜか人造人間を創造した天才科学者フランケンシュタインが，あたかも人造人間であるかのようなタイトルです。

フランスの偉大なる作家ヴィクトル・ユゴー（Victor Marie Hugo, 1802-1885）の数ある小説のなかで，とくに日本の読者を惹きつけてやまない有名な小説に『レ・ミゼラブル』(1862) があります．古くは『ああ無情』と訳され，このタイトルを聞いて，主人公のジャン・ヴァルジャン，彼を追い掛けつけ狙う冷酷な探偵ジャヴェール，孤児コゼット，恋人のマリユスなどがすぐに浮かんでくる方がいるのではないでしょうか．ヴィクトル・ユゴーが21歳のときに上梓した小説に『氷島奇談』(原題，アイルランドのハン）(1823) があります．この小説では雷，落雷，稲光が効果的に使われています[9]．主人公オルデネルが案内人のスピアグドリと一緒の旅の途中で激しい雨に見舞われ，死刑執行人とジプシーの妻が住む朽ちた塔で雨宿りを求める場面，山賊が住んでいる洞窟へ主人公が導かれる場面などで，大気中の電気現象が不気味さや恐怖をもたらすものとして使われています．『氷島奇談』は，ノルウェーを舞台にした怪奇小説です．

さて，自然の大気中の目に見えない窒素・酸素などの気体分子や水滴などは，雷放電・紫外線・放射線などによって電離し，電荷をもった空気イオンとして存在します．大気中にはこれら多くの帯電した物質からなる空中電気があり，それらはさまざまな電気現象—雷，稲光など—として目にします．1752年，アメリカ，フィラデルフィアのベンジャミン・フランクリン（図 2.5）は雷雲に向かって凧をあげ，凧糸を使ってそれに接続したワイヤーから伝わってくる雷放電による電気をライデン瓶に蓄え，この電気が起電機で生じた電気と同じ効果を生じることを発見しました（図 2.6）[10]．すなわち，空中電気と摩擦電気は同じであることを証明しました．

図 2.5　フランクリン（フランス切手，1956 年）

図 2.6　フランクリンの凧を使った実験[10]

　フランクリンが国内外の科学者に送った手紙を書簡集としてまとめた『フランクリンの手紙』では，イギリスの学士院会員のコリンソン（Peter Collinson, 1694-1768）に送った手紙のなかで，凧を使った実験のようすを次のように述べています[11]。

　　まず二本の軽い杉の木で十字をつくり，その一端にうすでの大きな絹のハンカチーフをかけ，その四隅を十字の四隅にむすびつけて凧の形をつくります。これに適宜の尾と紐をつけ，凧と同様にして，空中にあげます。これは紙とはちがい布ですから，ぬれても嵐にあっても，よくたえて破れません。この十字の頂上に先のするどく尖った針金を，木の上に一フィートくらい高くとりつめます。
　　紐のはしに絹のリボンをつけ，絹と紐の合わせめに一箇のかぎをむすびつけます。この凧を雷がなりだしたら空高くあげるのです。凧の紐をもっている人は，屋内かまたは何かのおおいの下にはいって，絹リボンがぬれないようにします。そして紐が戸口や窓にふれないように注意します。雷雲が凧の上にくるや否や，尖った針金は電光をひきつけ，凧と紐は帯電し，

リボンの織絲は四方にゆりうごき,指は感電してきます。雨が降ってきて,凧と紐が濡れると,電氣は自由に傳わってくるので,かぎにこぶしをちかづけると,その部分に電光が飛びます。

このかぎにレーデン瓶（著者注,ライデン瓶）をつらねて電氣をたくわえることもできます。こうして得た電氣は,アルコールに火を點じたり,またあらゆる電氣實驗をこころみることもできます。この實驗はたいてい清潔なガラス球かガラス管でおこない,電氣體が全然同じであることを證明することができます。

フランクリンは,ボストン（Boston）で生まれ,10歳で学校教育を終えています。その後,印刷工,政治家として活躍しますが,電気に対して興味をもったのは40歳を過ぎてからです。フランクリンが凧をあげた実験を行なった次の年,エストニア生まれのロシア,ペテルブルグ大学教授の物理学者リヒマン（Georg Wilhelm Richmann, 1711-1753）が,同じ実験を試みています。一本の棒の下に避雷針を取りつけ,雷雨が来たときに避雷針に近づいたので,リヒマンは棒からの火花に打たれて即死しています（図2.7）[12]。リヒマンの用いた棒は,接地がとれていなかったといわれています。

フランクリンは40代後半から,それまでに発見されている雷鳴や稲光などさまざまな大気の電気現象を明らかにするために,電気の本質に迫る電気の一

図 2.7　避雷針に近づき落命したリヒマン [12]

流体説を唱えました。これは電気流体が平常よりも多ければ「正（プラス）」に，少なければ「負（マイナス）」に帯電するという説で，流体が物体の内外で平衡を保っている場合には物体が無電気であるとするものです。これは凧を雷雲中にあげた実験から推測したとされています。また，フランクリンは，稲妻と電気火花との電気性が一致するためには，次のような根拠と証拠が必要であることを述べています[13]。

① 光と音の類似，現象の瞬間性。
② 電気火花も稲妻もともに物体を燃焼させる。
③ 両者は生物を殺す力がある。
④ 両者は機械的破壊を起こし，硫黄が燃えたときのような臭気を発する（この臭気は，のちにオゾンとよばれるようになりました）。
⑤ 稲妻と電気は同一の導体を伝わる。
⑥ 両者は磁気をかく乱し，磁石の極さえも逆さにすることができる。
⑦ 電気火花によっても，稲妻によっても，金属を融解することができる。

フランクリンが，雷と摩擦電気の電気現象が同じであると電気の一流体説を唱える前に，フランスの科学者が電気の二流体説で電気の成因を説明できると主張しました。まず科学者デュ・フェイ（Charles François de Cisternay du Fay, 1698-1739）が1733年頃，電気にはマイナスの樹脂電気（Resinous electricity），プラスのガラス電気（Vitreous electricity）の2種類があると考えました。これは，異種は引き合い同種は反発するとし，電気を液体とすると電気現象を説明できるとする説です。

その後，フランスの修道院の院長であり，ヨーロッパで高名な科学者として名を知られた実験物理学者のノレ師（Jean Antoine Nollet, 1700-1770）が，この二流体説を基にして独自に電気に関する研究を進めました（図2.8）。ノレは小作人の息子ですが，教会で教育を受け，学者としてゆるぎない地位を確立し，『実験物理学講義』という教科書を著わしています。また，ベルサイユ宮殿（Palais de Versailles）においてルイ15世（Louis XV, 1710-1774）の前で，ライデン瓶に貯めた電気を180人ほどの兵士に通す放電実験を行ないました。

兵士は放電による強烈なショックで高く飛び上がり，それを見ていた観客がびっくりするような実験です。ライデン瓶の名づけ親もノレといわれています。1745年頃から，ノレは電気を加えると植物の蒸散が盛んになるなどの実験結果も報告していますが，今日ではノレの学術のほとんどは省みられることはありません。

図 2.8　ノレ師

　当時のヨーロッパでは，ノレらが唱えた電気の二流体説が一般的に受け入れられていました。このためノレは，ヨーロッパから遠く離れた科学の発達していない植民地のアメリカで，自分達の学説に反対する研究が発表されたことが信じられず，フランクリンが唱えた説に納得できませんでした。ノレはフランクリンに対し，電気の問題・空中電気の成因についてさまざまな争いを挑みました。そこで，ノレは次第に過激になっていき，電気の成因に一流体説を唱えたフランクリンの仮説また実験が間違っているとフランクリンに手紙を何度も送りつけて反論を加えていきました。一方，フランクリンは，デュ・フェイが述べている樹脂電気は，あらゆる物体が本来一定量所有しているガラス電気が欠如している状態であるとしました。また，ノレへの手紙についてフランクリンは，自伝のなかで次のように述べています[14]。フランクリンの自伝は世界中で読み継がれ，文学史上すぐれた自伝だといわれています。

　　　私も，一度はノレ師に答えようと考え，事実，返事を書き始めさえしたのだったが，考えて見れば，私の本には実験の記録がのっているのだから，誰でも実験を繰り返して確かめて見ることができるし，それができないようなら，私の説は守ることができないことになる。観測の結果の種々の説

にしても,仮説として提出したのであって,何も独断的に述べたわけではないから,いちいち弁解する義務はない。(略)それに,わずかでも公事の余暇(よか)があったら,それをすでに終った実験について論争して費(つい)やすよりも,新しい実験に費すほうがよいと考えられたので,論文の運命はそもままの自然に成行にまかせることにし,私はノレ師に一度も回答しなかった。そして回答しなかったのを悔いるようなこともなかった。

その後,フランクリンが唱えた一流体説は,ノレらが唱えた二流体説にとって代わって次第に受け入れられていきました。1753年,フランクリンにはイギリスの王立協会からコプリー賞が授与されています。

今日,電気流体といわれているものの実体は電子であることはよく知られています。たとえば,布でプラスチックなどを擦って電気を帯びさせるのは多くの電子が移動する現象であり,2つの物質間に電流が流れる場合には電子が流れることを意味しています。物質の性質を導き出す原子構造がわかっていない昔から,電気の正・負についてはフランクリンの一流体説による定義を尊重して,またアンペールの論文から,電流の流れる方向を慣習的に正から負の方向に流れるとしてきていました。

イギリス,ケンブリッジ大学教授トムソン(Joseph John Thomson, 1856-1940)は,物質の性質を決める原子構造は中心に正の電荷をもった原子核が存在し,その周りを負の電荷をもった電子が運動していることを見いだしました。この性質のため,電流を電子の流れとすると,負の電荷をもった電子が動く方向は,昔から経験的に定めている電流の流れる方向とは反対方向になることになります。トムソンは1906年に,「気体の電気伝導に関する理論的および実験的研究」によりノーベル物理学賞を授与されています。また息子のロンドン大学教授トムソン(George Paget Thomson, 1892-1975)も,「結晶による電子線回折現象の発見」により,1937年にノーベル物理学賞を受賞しています。

時代をさかのぼってたどり,ノレが活躍した1700年代をみると,フランスでは1710年にベルサイユ宮殿が完成し,オーストリアではハプスブルグ家の女帝マリア・テレジア(Maria Theresia, 1717-1780)が63歳で亡くなるまで覇権を握っていました。マリア・テレジアが亡くなって数年後,1789年のフ

ランス革命勃発時にドイツのエルランゲンに生まれたのが，「オームの法則」で有名なオーム（Georg Simon Ohm, 1789-1854）です。イギリスでは，1719年にデフォー（Daniel Defoe, 1660-1731）が『ロビンソン・クルーソー』を書き，また1726年にダブリン生まれのスウィフト（Jonathan Swift, 1667-1745）が『ガリバー旅行記』を書いています。『ガリバー旅行記』のなかのラピータ国訪問では，空に浮いているラピータ国は磁石による磁気浮上で自由に空を移動しているとし，またケプラーの3法則が引用されています。アメリカでは，フランクリンが稲妻と摩擦電気の同一性を見いだし，避雷針を発明したのが1752年で，1773年にはボストン茶会事件が起き，アメリカ独立宣言の採択が1776年に行なわれています。フランクリンは独立宣言の起草委員に選ばれています。1783年には，イギリスとアメリカ合衆国のあいだで平和条約が締結され，合衆国の独立が承認されています。その後，フランス革命が起こった1789年に，ワシントン（Geroge Washington, 1732-1799）が合衆国初代大統領に選ばれています。

　わが国では，関ヶ原の合戦に勝って覇権を握った徳川幕府が，1639年（寛永16年）にポルトガル船の入港を禁止する第5次鎖国令を発布して鎖国を開始し，その後約200年以上にわたって鎖国政策をとりました。しかし，鎖国する以前からポルトガルなどとの交易を通して西洋の学術が輸入されていました。有名な出来事として種子島に鉄砲がもたらされたのは1543年です。鎖国後，西洋の学術は，細々と長崎の出島での交易を通して入ってきていたと考えられます。

　鎖国体制下にあった日本の1700年代は，1701年に水戸光圀（寛永5年－元禄13年，1628-1701）が亡くなり，赤穂浪士の討ち入りが1702年（元禄15年），大奥を舞台にした有名な絵島・生島事件が1714年（正徳4年）に起き，杉田玄白（享保18年－文化14年，1733-1817）らによる『解体新書』が1774年（安永3年）に出版されています。このように，歴史の教科書に載る興味ある事件が次々と起きた時代です。

　さて，わが国の電気学の歴史を見てみると，江戸時代，フランクリンと同じ実験を行なった人物が大阪にいました。橋本宗吉（曇斎）（宝暦13年－天保7年，1763-1836）がその人です。広辞苑には，「蘭学者，我国電気学の祖。号は曇斎。大阪の人。江戸の大槻玄沢に学び，帰って学塾を開いた。文政12年

(1829),耶蘇教徒の嫌疑を受けて処罰。」と紹介されています[15]。宗吉の父親は,徳島,阿波の国生まれですが,宗吉自身が阿波生まれか大阪で生まれたかは定かではないようです。宗吉は江戸に出て大槻玄沢（宝暦7年－文政10年,1757-1827）の下で蘭学を学び,わずか4カ月でオランダ語を習得したといわれ,杉田玄白の孫弟子に当たります。

　宗吉は47歳（文化6年,1809）の頃から電気に関する研究を志し,いろいろな実験を行なっています。とくに有名なのは,「泉州熊取にて天の火を取たる図説」として記録に残っている松の木を利用した雷の実験です。この実験は,いまから200年前の1811年に,宗吉が著わした『阿蘭陀始制エレキテル究理原』のなかに他の多くの実験とともに述べられており,凧を使ったフランクリンの実験からわずかに60年遅れているだけです。宗吉が行なった実験の様子を図2.9に示します。図からは,松の木から垂らした針金の下端を左手に握って縁台に乗った侍らしき人が,右手から1人の供らしき人に火花を飛ばしている様子が見てとれます。この実験は,準備したのが宗吉であって実際は宗吉の仲間が行

図2.9　泉州熊取にて天の火を取たる図説（電気の史料館より転載許可）

なったのではないかとも伝えられていますが，先に紹介した広辞苑にあるように，大阪の人である宗吉は大阪蘭学の始祖といわれています。宗吉が書いた『阿蘭陀始制エレキテル究理原』には，次のような電気に関して数多くの実験が示されています[16), 17)]。

① 高圧静電気の衝撃を動物に感ぜしむる実験
  ● 襖(カラカミ)ごしに百余人の肝をつぶさせる図説
  ● フラスコの水にて人を魂消(たまげ)させる図説
  ● エレキテルの火の力にて蛙鼡雀等を気絶さす説 ―（雷死）
② 静電気の放電に光の伴う実験
  ● フラスコ電(イナビカリ)を発する説 ― 発電子(イナビカリダマ) ―（電光）
  ● 連綿花とて八間のくさりに火を走しらす図説 ―（火柱）
  ● 浜やき鉢に湛えたる水より火を出す図 ―（不知火）
③ 静電気の放電に音響を伴う実験
  ● 啅鳴子(トキガマ)とてフラスコを鳴らす図説
  ● 撃雷声の弁又云うかみなり ―（雷鳴）
④ 放電火花の熱作用に関する実験
  ● 人の体より火を出し針灸の代りにする図説
  ● エレキテルの火にて焼酒を燃す説 ―（雷火）
  ● エレキテルの火にて発火薬(テッポウグスリ)を燃す説
⑤ 静電気の吸引反発作用を示す実験
  ● エレキテルの気にて紙人形を踊らする図説
  ● 水の点滴暗界にて光らす事 ―（流星）
  ● エレキテルの気自然と鐸を鳴らす図説 ―（地震）
  ● 五星運行の理をなす図説 ―（惑星の運動）
⑥ 放電により水分を凝結せしむる実験
  ● フラスコの内へ雨気をよぶ図 ―（雨）
⑦ 無声放電が風を起す実験
  ● 発電子とてフラスコより風を吹き出す図(カザケマ)
⑧ 火焔の導電に関する実験

- エレキテルの気灯をつたう図
⑨　電気が磁気に影響を及ぼす実験
- 磁石をおどして吸いたる釘針を落さする説 ―（隕石）
⑩　空中電気に関する実験
- 百尺の鉄串にて天の火を取る事
⑪　医療に関する実験
- エレキテルにて諸病を療治する説

　これらは今日から見るとつまらない事柄もあるかと思いますが，電気工学を専門に研究をなさっている方々には興味をもたれる馴染みの分野ではないでしょうか．図2.10(a)と(b)は，宗吉が松の木を利用して電気実験を行なったとされる記念の石碑と，電気の実験を行なった荘官中家屋敷（大阪府）です．中家屋敷は，阪和線熊取駅から徒歩15分ほどの所にあり，現在は町の重要な史跡として保存されています．見学に伺ったときの案内の方によりますと，中家屋敷は江戸初期の建物で，電気実験に用いたとされる樹齢600年，周囲5mもあった松の木は伐採してしまったとのことです．

図2.10(a)：橋本宗吉
電気実験の記念石碑
（平成21年10月5日撮影）

図2.10(b)：中家屋敷縁側
（平成21年10月5日撮影）

2.3 エレキテル

わが国では江戸時代,摩擦電気によって電気をつくる機械,摩擦起電機はエレキテルとよばれていました。歴史上では,電気を発生させる機械である摩擦起電機を最初につくったのは,ドイツ,マグデブルグ(Magdeburg)の市長であったオット・フォン・ゲーリケ(Otto von Guericke, 1602-1686)で1663年頃のことです。ゲーリケは起電機の製作者としてよりも,「真空の研究」(マグデブルグの半球)を行なった科学者として有名です(図2.11)。

図2.11 オット・フォン・ゲーリケ記念(東ドイツ切手,1977年)

さて,摩擦起電機により電気を帯電させ,それをライデン瓶とよばれるコンデンサーに蓄電させることができます。ライデン瓶は,岩波の理化学辞典によると「ガラス瓶の底および側面の内外両面に錫箔を貼ったコンデンサー。蓋の中央を通して入れた金属棒の先端に鎖をつなぎ,底の内部の錫箔に接触させてある。ガラスには絶縁をよくするために多くはシェラックなどを塗っておく。ライデン大学のミュッセンブルークが1746年にはじめてこれを用いて放電実験をしたが,同じころ,1745年ドイツのフォン・クライスト(von Kleist, E. G)もこの装置を考案した」とあります[18]。ミュッセンブルーク(Petrus van Musschenbroek, 1692-1761)は,ライデン大学の教授であり,フォン・クライスト(Ewald Georg von Kleist, 1700-1748)はプロイセンで生まれ,ライデン大学で教育を受けています。ライデン大学に席を置いた2人ですが,それぞれ独自にまた偶然にライデン瓶を考案したとされています。

凧の実験で雷と摩擦電気の電気現象が同じであることを明らかにしたフランクリンは,ライデン瓶を用いた実験も行なっています。フランクリンは,40歳のとき(1746年),ボストンにおいてスコットランドから来ていたスペンサ

一博士（Archibald Spencer, 1698?-1760）による静電気を使った電気の実験を見学しました。その実験に興味をもったフランクリンは，フィラデルフィアに戻ってから電気の実験を始めました。その実験の様子をフランクリンは，自伝のなかで次のように述べています[19]。

> フィラデルフィアに戻るとまもなく，ロンドンのイギリス学士院の会員ピーター・コリンソンから組合図書館にあてて，この種の実験（著者注，電気の実験）に使う時の心得帳を添えてガラス管（著者注，ライデン瓶）を一本寄贈してきた。私はこれ幸いとばかりにすぐさまボストンで見た実験を繰返し，また大いに練習した結果，イギリスから説明書のきた実験がとてもうまくやれるようになっただけでなく，新しい実験もいくつかできるようになった。いま大いに練習したと言ったが，実際当分の間というもの，私の家はこの新しい奇蹟を見に来る人でいつも満員だったのである。
> （中略）。
> 私たちはコリンソン氏の厚意でガラス管その他を贈られたのであるから，その使用に成功したことは彼に報告すべきであると考え，私は数通の手紙を書いて，私たちの実験の結果を説明した。

このようにして，フランクリンは1747年から1755年にかけて行なった数多くの電気についての実験結果をコリンソンに送り続けました。コリンソンに送った手紙には，2.2節で示しましたように稲妻と電気火花は同じ性質をもつのではないかとする実験，またその説明に電気の一流体説をとっている内容などが含まれています。送り続けられた手紙は，コリンソンによって纏められ論文集となり，イギリスで出版されました。その後，論文集で提案した実験，とくに雲の中から稲妻を導き出す実験などがフランスで成功して，科学者としてのフランクリンの名前がヨーロッパで次第に有名になり，1756年にはイギリスの王立協会の会員になっています。

さて，わが国，江戸時代で電気を扱った有名な人物と聞いてすぐに浮かんでくるのが平賀源内（享保13年－安永8年，1728-1779）です。しかし，電気学の祖として源内がどのような人物であったかは意外と知られていないのでは

ないでしょうか。広辞苑を開いてみると，源内は「江戸中期の本草学者・科学者・戯作者。鳩渓・福内鬼外・風来山人・森羅万象などの号がある。讃岐の人。国学蘭学・物産学・本草学を研究。初めてエレキテル（摩擦起電機）を発明して治療に応用。後，戯作に没頭。浄瑠璃神霊矢口渡，滑稽本風流志道軒伝は有名。安永8年狂気して門弟を殺し，獄中に没」とあります[15]。

　源内は，高松藩，讃岐の国志度の片田舎で生まれました（図2.12）。源内が活躍した時代は，第9代将軍徳川家重（正徳元年－宝暦11年，1712-1761）のお側用人となった田沼意次（享保4年－天明8年，1719-1788）が，次第に幕府の実権を握っていった時代です。田沼意次は源内のパトロンであったともいわれています。また，この時代はフランクリンがアメリカで実験を行なったり，ボルタとガルバーニによる動物電気，金属電気の議論がイタリアで引き起こされていた頃です。

図2.12　平賀源内

　第8代将軍徳川吉宗（貞享元年－寛延4年，1684-1751）が鎖国政策をとりながら洋書の輸入の解禁を行ないました。そのため，電気に関する知識は，長崎の出島を通して細々とわが国にもたらされたと考えられます。源内がオランダ製の摩擦起電機（後のエレキテル）と出会ったのは，長崎に出かけた43歳から44歳（1770年から1771年）頃のことといわれています。それ以前，37歳（1764年）の源内は秩父で石綿を発見し，火浣布（アスベスト）をつくったとされています。また，長崎から持ち帰ってきた壊れた摩擦起電機に工夫を加

えて約6年の歳月をかけた後，1776年に摩擦起電機を修復し完成させて，エレキテルと名づけています（図2.13）[20], [21]。この年，アメリカでは独立戦争（1775-1783）の真っ最中でありました。摩擦起電機は，1775年にボルタが電気盆を発明してから次第に廃れていきました。

図 2.13 平賀源内作「エレキテル」[20]

　源内がつくったエレキテルは現在，香川県さぬき市志度の平賀源内記念館，逓信総合博物館の2箇所で見ることができます。源内はこのエレキテルを用いて，火花の実験を行なったり，医者に電気治療を勧めたとされています。1779年，源内は門弟との喧嘩が原因で捕えられ，伝馬町の獄中で死亡しています。死因は破傷風とするものと，後悔と自責から絶食して死亡したとの2通りの説があります。さて，久生十蘭（1902-1957）の数多い小説のなかに『平賀源内捕物帳』があります[22]。タイトルからわかるように，源内が主役の探偵役となって御用聞きの伝兵衛とともに難事件を解決していきます。源内は神田白壁町の裏長屋に住んでいる一風変わった本草，究理（科学）の大博士。日本で最初の電気機械，「発電箱」を模作するかと思うと回転蚊取器なんていうとぼけたものも発明する，などと紹介されています。究理に基づいた推理で難なく難事件の解決，一度読まれてみてはいかがでしょうか。

　わが国では，2.2節で述べた松の木を使って雷を導く実験を行なった宗吉が，

エレキテルを使って多くの実験を行ない世間を賑わしていたようです。記録に残っているひとつに，「襖障子ごしに百人嚇を試る図」があります。その様子を図2.14に示します。ここでは大勢の人に電気ショックを与えて電気の不思議を楽しんでいる様子を見てとることができます。これを見ると多くの人が順々に手をつないで，最初の1人がふすまの引き手の一端に手をおき，手をつなぎ終わったもう1人がもう一方の引き手に触ると全員にしびれが伝わり，ショックを受けています。図では，30人ほどの人が手をつなぎ右側の2人が襖の金属の部分に手を触れています。図の右で見えているエレキテルの電極が襖の金属の部分につながっていて，襖の陰に隠れてエレキテルを操作している人が電気を流すと多くの人が電気のショック，感電でびっくりする様子が示されています。

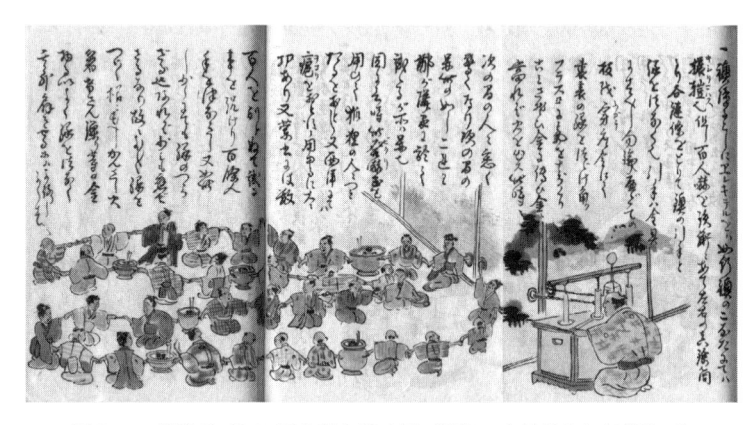

図2.14 襖障子ごしに百人嚇を試る図（電気の史料館より転載許可）

また，2011年が生誕200年だった佐久間象山（文化8年－元治元年，1811-1864）も，電気学について独自に先駆的な数多くの試みを行なっています（図2.15）。吉田松陰（文政13年－安政6年，1830-1859）の師として，また勝海舟（文政6年－明治32年，1823-1899）の妹を妻とした象山は，長野，信州松代藩の下級武士として生まれ，江戸で朱子学・漢学・蘭学ならびに洋学を学んでいます。1844年（弘化元年）に，象山は藩主真田幸貫（寛政3年－嘉永5年，1791-1852）にオランダ語の『ショメール百科事典』16冊を購入させ，

この事典を参考にしてさまざまな科学実験を行ないました。とくに電気に関する実験では，電気の誘導現象を応用しており，ダニエル電池で感応コイルをつくり高圧の弱電流を発生させ，人体に電流を流す電気的な治療機をつくっています。

図 2.15　佐久間象山像（松代象山神社にて，平成 21 年 11 月 13 日撮影）

象山は妻の順（のち瑞枝）（天保 7 年－明治 40 年，1836-1907）がコレラにかかったときに，電気治療機を用いて治療をしたという話が伝わっています（図 2.16）[23]。また象山は，わが国で初めて電信機を製作し，安政の大地震（安政 2 年，1855）をきっかけとして地震を予知する器械をつくった人物とされています。政治的には，鎖国政策を憂いた象山は，松陰に向かって国禁を犯して

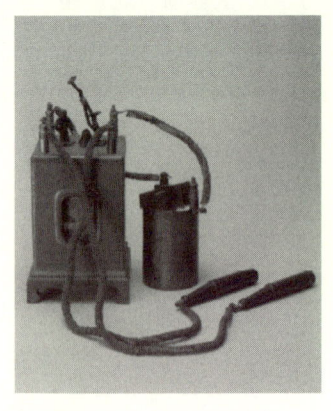

図 2.16　電気治療機[23]

海外渡航をすべきとけしかけています。しかし，松陰の渡航計画は失敗し，松陰は萩に象山は江戸伝馬町の牢獄に入れられました。その後，象山は郷里の松代で，藩主により1854年から1862年まで蟄居を命じられています。1864年，蟄居を解かれた象山は一橋慶喜（天保8年－大正2年，1837-1913）に招かれて京に上りましたが，同年7月に尊皇攘夷派の凶刃に倒れました。

　また，勝海舟の語録集『氷川清話』を見ると，義兄弟であった象山についてそれなりの評価を加えていますが，大風呂敷を広げるようなところを批判的に印象を述べています[24)]。

　　　佐久間象山は，物識(ものし)りだったヨ。学問も博(ひろ)し，見識も多少持っ居たよ。しかし，どうも法螺(ほら)吹きで困るよ。あんな男を実際の局に当らしたらどうだろうか・・・・。何とも保証は出来ないノー。あれは，あれだけの男で，ずいぶん軽はずみの，ちょこちょこした男だった。が，時勢に駆(か)られたからでもあろう。

　源内が獄死した安永8年，江戸幕府の将軍は第11代の徳川家斉（安永2年－天保8年，1773-1837）であり，宗吉が死んだ天保7年は，天保3年から天保8年にかけての天保の大飢饉のさなかでした。天保年間は，徳川が江戸に幕府を敷いて200年ほどが経過し，幕藩体制のひずみが顕在化していったときです。天保8年には大阪で大塩平八郎の乱，1839年の天保10年には言論弾圧事件として有名な蛮社の獄が起き，渡辺崋山（寛政5年－天保12年，1793-1841），高野長英（文化元年－嘉永3年，1804-1850）が追われていきました。

　わが国の電気学の歴史に名を残している3人を見てみると，宗吉は，耶蘇教の嫌疑で天保7年（1836）に74歳での死亡。源内は，51歳での牢獄死。象山は，長年の蟄居を解かれた直後，京都での尊皇攘夷派の凶刃による客死。源内が亡くなったとき，宗吉は16歳，象山はまだ生まれていませんでした。宗吉が亡くなったのは，象山25歳のときです。3人のあいだにはどのような交流があったのでしょうか。

　宗吉からは，武家屋敷の上座に正座し，弟子を相手に学問に勤しんでいる姿が想像されます。土用の丑の日にウナギを食べることを仕掛けた源内は，落語

ならば八さん熊さんを供に引き連れ,横丁長屋で勝手気ままな生活を送っているが長屋の住人には一目置かれている存在。象山は,海舟の印象をもとにイメージを膨らませると,陣羽織を着てロシュナンテに乗り鎧を着て兜を被ってサンチョパンサのような下級武士を供に引き連れたドンキホーテなのか。いまでは佐久間象山神社で神として祀られています。

　宗吉は,1836年（天保7年）に74歳で亡くなっていますが,翌年の1837年にはアメリカで電磁石を応用した電信機,モールス信号を用いた電信のアイデアをモールスが特許出願しています（図2.17）[25]。宗吉が亡くなってから17年後,ペリー提督（Matthew Calbraith Perry, 1794-1858）率いる黒船が浦賀沖に姿を現わしています。ペリーは翌1854年にわが国を再訪し,江戸湾に入りモールス電信機を幕府に献上しています。

図2.17　モールス[25]

　象山が亡くなった1864年は,池田屋事件,禁門の変,四国連合艦隊下関砲撃事件などが起きた年で,日本の歴史が大きく動いた激動のときです。この時代,天皇は孝明天皇（天保2年－慶応2年,1831-1867）,江戸幕府将軍は第14代徳川家茂（弘化3年－慶応2年,1846-1866）で正室は悲劇の和宮親子内親王（弘化3年－明治10年,1846-1877）です。その後,1868年（慶応4年）に,勝海舟と西郷隆盛（文政10年－明治10年,1828-1877）とのあいだで江戸城無血開城がとりまとめられ,明治新政府が体制を整えていきました。平成

20年（2008年）のNHK大河歴史ドラマは，幕末が舞台で，女性達に焦点を当て女性の目から幕末の動乱を鳥瞰した「篤姫」でした。篤姫（天保6年 – 明治16年，1836-1883）は，第13代将軍の徳川家定（文政7年 – 安政5年，1824-1858）の正室です。「篤姫」は，NHKの歴史大河ドラマとして，久しぶりに視聴率が良かったということで評判をとりました。JR山手線の田町駅三田口近く，三菱自動車本社前横に，勝海舟と西郷隆盛が江戸城無血開城をめぐって会談を設けた薩摩屋敷の跡を示す丸い形の記念碑が建っています。幕末に活躍した海舟は，77歳の喜寿を迎え1899年（明治32年）に亡くなりました。

2.4 清々しさ

空気が乾燥している冬の日に，室内のドアノブに触れたときや自動車の車体に触ったときに，激しい電気ショックを指先に受けて驚いた経験を誰しももっているのではないでしょうか。また，化学繊維のシャツを脱ぐときに，バチバチという小さな火花の音を耳にした経験も多くの人がもっているのではないでしょうか。これらは摩擦によって生じた静電気が，指先とドアノブや車体とのあいだ，化学繊維のシャツのあいだで放電することによって生じるものです。

このような帯電現象は，野外の大気中でも観測されます。金属板を地上1mくらいの高さに絶縁して置き，さらに金属板を支持してその電位を測ると，晴れた日には数十Vから百数十Vという値が観測されます。また，その電位は，地表から高く上がるほどに高い値を示し，近くに雷雲があるときにはその数倍の数千Vから数万Vという高い電位が観測されます。これは，大気中には目に見えない電気の場，電界や正や負の電気を帯びた分子や微粒子，即ち空気イオンが存在し，それによって金属板が帯電するからです。

地表から観察してみると，電位は地球が負で上空の大気は正に帯電しています。雷雲は地表近くの電気を遥か上空に汲み上げ，大きな地球電界をつくる起源になっています。地球の電界は地表近くで最も高く，その強さは場所と測定する時間によって変動しますが，静穏なとき，電界は地表面近くでは約100V/m，高度1kmで30V/m，10kmで10V/m程度になります。また，発達した雷雲が上空にある場合には，地表の電界は3-20kV/mに上昇します。

激しい夕立とともに耳をつんざくような雷鳴を轟かし天空をかきわる稲妻を走らせる雷は，見事な夏の風物詩ですが，地球表面付近で発生する電界の最も重要な発生源でもあります。フランクリンは1752年に雷雲に向かって凧をあげて，凧の糸を伝わってくる雷放電による電気をライデン瓶に蓄えることに成功し，蓄えられた電気の電荷を調べました。

　さて夏の雷雲は，地上から500-1,000mの高さに発生し，幅約10km高さ10-13kmの雲の塊がいくつも並立しているような場合が多いようです。雷雲は，発達・成熟・衰弱の3つのステージを経て変化していきます。また，個々の雲の塊を雷雲のセルとよび，各セルの中では対流が生じ，この対流は風速30m/sにも達する激しい上昇気流をつくり，その気流によって水蒸気が10-15kmの上空まで運ばれます。水蒸気は上空の寒気によって凝結しますが，すぐに冷却されて過冷却な水滴となり，また，塵埃などの核があれば凍って氷片となります。過冷却した水滴は氷片と衝突して結晶化し大きな氷の粒子に成長し，氷の粒子が成長して重くなり，上昇気流によって支えられなくなると落下し始め，それが周囲の空気を引きずって下降気流を起こします。激しい対流はこのようにして発生します。この対流の嵐の中では，水滴や氷片同士が互いにぶつかり合い分裂し帯電します。こうして，セルの上方にはプラスの電荷が下方にはマイナスの電荷が分布することになり，大きな電位差が発生します。雷雲に貯まった電荷が大地に向かって放電するのが落雷であり，1つの落雷の電流値は数千Aから数万Aに達します。

　高度約50km以上の上空の大気は，気体の一部が太陽からの紫外線とX線によって電離され，O^+，NO^+，O_2^+，N^+，N_2^+，H_2^+，He^+などの正イオンとなっています。これらは，重さの順に下から成層構造をなし，また各層において，正イオンの総量と等しい量の電子が存在しているものと考えられます。高空にいくほど，紫外線やX線が強くなるから電離が増していき，イオン密度が高くなります。また，空気の密度が減るからイオンの平均自由行程が長くなり，電気伝導度も増大していきます。たとえば，地表から1，5，10km上空での電気伝導度（S/m）はそれぞれ，約2.5，10，25×10^{-14} S/mです。高度15kmでの小イオンの数は，1cc当りに約5,000個で100×10^{-14} S/mの電気伝導度を生じます。地上50kmを超すと電気伝導度は急に高くなり，100kmでは，大地の

電気伝導度とほぼ同程度の10^{-2} S/m程度に達します。即ち，地球的な大きなスケールでみると，100km上空には電離層という良い導体が存在しているものと考えられます。

　こうして地球と電離層とのあいだに大気電流回路が形成されると考えられています。地球表面と電離層との電位は200-400kVに，好天時の帰路電流は1-1.5kA（または3×10^{-12}A/m^2）程度です。地表の電界の強さは，湿度，温度，風，霧などの気象条件と大気中のイオン濃度に大きく依存し，大気に擾乱のある場合は約1.5kV/m，雷雨時は3-20kV/mとなります。

　雷は電気現象であることをフランクリンが1752年に証明して以来，気象の変化に対応した大気中の電気現象を科学的に調べる大気電気学が発展しました。同時に，電離作用で大気中には帯電したイオンが存在することが明らかになりました。とくに19世紀の終わり頃，ドイツ，ニーダーザクセン州のヴォルフェンビュッテル（Wolfenbüttel）のギムナジウムの教師，エルスター（John Phillips Ludwig Julius Elster, 1854-1920）とガイテル（Hans Friedrich Geitel, 1855-1923）による空気イオンの発見は，空中電気の研究とその生物効果の研究を飛躍的に発展させました。

　また1894年，ドイツ，ハイデルブルグ大学教授のフィリップ・レーナルト（Philipp Lenard, 1862-1947）は，レナード効果とよばれている現象を発見しています。レーナルトはワイン商を営んでいた豊かな家の1人息子としてプラチスラヴァで生まれ，ボン大学で電磁波を実験的に発見したヘルツの助手を勤めた後にハイデルブルグ教授になっています。レナード効果は，たとえば，滝で水滴が落下するときに水滴が微細に分裂し，水分子が帯電する負のイオンが発生するという現象です。1905年，レーナルトは「陰極線の研究」でノーベル物理学賞を受賞していますが，極端で偏狭な反ユダヤ主義者であったといわれています。

　空気イオンは，大気を構成する窒素，酸素などの気体分子，水滴，煤塵などの微粒子が，電子を獲得したり失ったりすることで発生します。自然界では，次のような要因によって正負の空気イオンが発生しています。

① ラドンやトリウムなどの地中の放射性物質から放射される放射線や，大

地から大気中に逃げたラドンなどの放射性ガスによる空気の電離
　②　雷など，大気中の放電により空気の電離
　③　太陽からの紫外線による空気の電離
　④　宇宙から飛来する宇宙線による空気の電離
　⑤　雨滴，滝などの水滴の分離や，砂，塵埃，雪，雹などが強風によって，衝突，分裂することによる水滴，塵埃などの帯電（レナード効果）
　⑥　乾燥空気の急速な流れによる空気分子，水蒸気分子，塵埃などの帯電（フェーン，サンタアナ，シャラーフなど）

　地表近くでの空気イオンは，地中の放射性物質由来が約35％，宇宙線によるのは約15％，残りの50％は紫外線や大気現象によるといわれています。海上では，宇宙線と紫外線がおもな発生源です。
　空気イオンの発見以来，次第に空気イオンが人へ与える生理的な作用に注目が集まりました。空気イオンを医療に利用しようとする研究の歴史は古く，発表論文も数多くなされています。昭和13年には北海道帝国大学木村正一，谷口正弘両博士が当時の研究を体系的にとりまとめた著書『空氣イオンの理論と實際』が刊行されています[26]。また，同じ年に書かれた中谷宇吉郎の随筆に「語呂の論理」があります。随筆のなかで，中谷は当時盛んに行なわれていた空気イオンの研究について，思考に勝手な飛躍があるのではないかとして次のようなことを述べています[27]。

　　　この三，四年来，日本の季候医学の方面で，空気イオンの衛生学的研究が一部で盛んに始められた。ある大学の研究室では，陰イオンが，喘息や結核性微熱に対して沈静的に作用するという結果を得て，臨床的にも応用するまでになっていた。そして陽イオンはそれと反対に興奮性の影響を与えるということにされてきた。ところが他の大学の研究では，イオンの生理作用は，陰陽共に同一方向の影響があって，ただその作用の程度が，イオンの種類によって異るという実験的結果が沢山出てきた。それで学会で，これらの二系統に論文が並んで発表された時には，勿論盛んな討論が行われた。ある理由でその席上に連っていた私は，その方面とはまるで専

門ちがいなので極めて暢気に構えて，その討論を聞いて面白がっていた．その中にはこういうものもあった．「陰イオンが沈静的に働くということは，既に臨床的にも沢山の例について確証されている．これは実験的の事実である．それが事実とすれば，陽イオンがその反対に，興奮的に作用するということもまた疑う余地がない」という議論が出てきたのである．

　ここで，陽イオン，陰イオンは現在それぞれ，正イオンおよび負イオンとよばれています．昨今の空気中の正イオンと負イオンについての議論も，ほぼ80年前と同じようなことがいえるのではないでしょうか．
　大気中の空気イオンの濃度は，空気の清潔さと関係します．一般に，人の出入りが多い室内の空気イオン濃度は屋外の大気中の空気イオン濃度に比べて著しく低く，空気イオン濃度（または正の空気イオン数と負の空気イオン数の比）は，室内の空気汚染を示す指標に利用することができるといわれています．反対に，イオン発生器によって負の空気イオンの濃度を適当に高めて室内環境の改善を図ることができますが，実験結果にばらつきが多く明確な結論を導くことは困難です．
　天気がいいと気分が爽快になり，天気が悪いと気分が落ち込んだり不快になったりする原因に大気中の電気現象が関係するのではないかといわれています．生理学的影響に関しては，空気イオン濃度が気象条件に対応して変化するとき，人がいろいろな反応を経験することを疫学的に調べたものが数多くあります．たとえば，シャラーフ（Sharav，中東で4-5月に吹く乾燥した暑い東風），シロッコ（Sirocco，初夏に北アフリカからイタリアに吹く暖かくて高温の湿潤な南風），ミストラル（Mistral，冬から春にかけてフランス南東部で吹く寒冷で乾燥した北風），フェーン（Föhn，ヨーロッパ・アルプス地方での局地風で，乾いた暖かい風），サンタアナ（Santa Ana，アメリカ西部で秋から冬にかけて吹く高温で乾燥した風）などと関係づけられて報告されています．アルプス地方では，フェーンの襲来とともに気分が悪くなり頭痛を訴える人が多く，犯罪，自殺，自動車事故，工場の事故率が増加することが報告されています．また，シャラーフの来る1，2日前に全空気イオン濃度と正の空気イオン濃度の両方が増加し，それと同時に人によっては吐き気や頭痛がみられる

ことなども報告されています。このような季節変化や前線が通過したりするときに事故が多発したり病気が発生したりするのに，気象の変化，とくに大気中の空気イオン分布の変化が関係しているのではないかともいわれています。しかし，このような気象変化と関係するような，たとえば，「フェーンによる疾病」が存在するかどうかは疑問がもたれており，フェーン時の大気中の電気状態（Atmospheric-electric magnitude）と正常時の大気の電気状態とに大きな違いはないと報告がなされています[28]。

『若きウエルテルの悩み』で有名なドイツの詩人，ゲーテ（Johann Wolfgang von Goethe, 1749-1832）は気圧，気温などの気象変化が，自身の心身に影響することを知っていたようです（図2.18）。ゲーテは，気象変化に非常に敏感で創作活動が気象の変化に依存しているようで，エッカーマン（Johann Peter Eckermann, 1792-1854）は『ゲーテとの対話』，1823年12月21日の日記で次のように述べています[29]。

図 2.18　ゲーテ生誕 250 年（ドイツ切手，1999 年）

ゲーテは，今日ふたたび晴ればれと上機嫌になった。冬至となった。これからまた1週ごとに日が目立って長くなるのだという希望が，彼の気分になにより好ましい影響を及ぼしているようだ。午前彼の部屋に入っていくと，「今日は，太陽の再生をお祝いしよう！」と彼は私に向かって嬉しそうに叫んだ。彼は，毎年，冬至前の何週間かを憂鬱な気持で溜息をつきながら過ごすがふつうだという。

気象変化には，電気現象として空気イオンの変化が伴っていますが，空気イ

オンの発見は19世紀の終り頃であるため，ゲーテが生きていた時代は，心身の変化と大気中の電気現象，たとえば空気イオンの変化と結びつけた議論はなされていないと考えられます．ドイツ，フライブルグ大学のファウスト博士（Volker Faust）は，自著『Biometeorologie』（生気象）において19世紀までの気象の変化に敏感な文化，政治ならびに自然科学などの分野で歴史上，著名な人を取り上げています[30]．そこにはゲーテに加え，フランクリン，アレクサンダー・フォン・フンボルト（図2.19），ケプラー，レオナルド・ダヴィンチ（Leonardo da Vinci, 1452-1519），ルター（Martin Luther, 1483-1546）（図2.20），モーツァルト，ダーウィン（Charles Robert Darwin, 1809-1882），ナポレオン，パスカル（Blaise Pascal, 1623-1662），ボルタ，ワーグナー（Wilhelm Richard Wagner, 1813-1883）（図2.21）など計76名がリストされています．

　大気現象の測定が可能になって以来，1970年代までに行なわれた電界，空気イオン，空電などの大気電気現象の人への影響については，ドイツ生まれでイスラエル，ハダサ大学教授のスルマン（Felix Gad Sulman, 1907-1986）が

図 2.19　フンボルト
（西ドイツ・ベルリン切手，1969年）

図 2.20　ルター没後450年
（ドイツ切手，1996年）

図 2.21　国際リヒャルト・ワーグナー会議（オーストリア切手，1986年）

1980年に自身の研究を中心にとりまとめています[31]。とくに中東で見られるシャラーフ，シロッコなどの影響について男女935人を対象に研究が行なわれました。スルマンのテキストを参考にしますと，約30％（おもに女性）が天候変化に敏感になり，この現象は年齢（13-20歳で24％，50-60歳で50％）や悪い気象条件にさらされる時間によって変化することを見いだしています。また，病状と尿の生理的検査により，尿中のセロトニン（5HT）の変化がみられるセロトニン症候群，副腎機能低下がみられる副腎症候群，および甲状腺機能亢進症候群の3つのグループに分け，これらのグループで負の空気イオンによる治療効果を調べています。それによると，セロトニン症候群の場合75％，甲状腺機能亢進症候群で45％に効果があるが，他の天気に敏感な病気には効果がないことを見いだしました。負の空気イオンに2カ月ほどの期間さらされると，セロトニン症候群の場合で50％までが5HT，5-ハイドロキシインドール（5HIAA，5HT代謝の不活性最終生成物質），ヒスタミン，チロキシンの排せつが減少するとのことです。

　スルマンが示しているように空気イオンが人に与える影響については，シャラーフや低気圧の通過に伴う自然大気中の正負の空気イオンの影響に関する研究，治療を目的とした人工的な空気イオンの研究などが行なわれています。しかし，このような報告に対して，実験の詳細の記述が不足している，どのようにして対象の人を選んだかデータが十分に示されていない，統計的な処理などについての疑問があるなどが指摘されます。そのため，スルマンを中心としてとりまとめられた結果は十分な支持は得られていません。また，患者を種々の濃度の正負の空気イオンにばく露した研究が実施されていますが，明確な結論は得られていません。

　その後1987年に，アメリカ，ロックフェラー大学に勤めた経験のあるチャリー（Jonathan Charry）と電力研究所のキャベット（Robert Kavet）の両博士が，スルマンらの研究も評価に取り入れて，空気イオンについての物理学的，生理学的な研究をとりまとめています[32]。とりまとめたテキストを参考にすると，負の空気イオンが喘息性気管支炎の治療に効果がある，セロトニン症候群の患者に対して効果がある，室内の空気の浄化に役立つ，苛立ち・緊張などを和らげる心理的効果がある，精神病の治療の効果があるなどの報告がな

されています．しかし，これらの効果は医薬のような顕著なものではなく，効果がないとの報告も数多くあります．このようなことを考慮すると，全体として，空気イオンの効果はみられないといえるのではないでしょうか．また，空気の清浄効果は室内の環境浄化のための手段として，環境衛生面からの積極的な利用を検討する必要があると考えられます．しかし，空気イオンの発生を放電現象に求めた場合には，オゾンの発生も同時にあることからオゾンの人への影響についても十分な配慮が必要であります．

　大気中の電気現象，空気イオンに焦点をおいてこれまでなされている議論の一端を紹介しましたが，表題の「清々しさ」と相反して空気イオンにまつわる話題は，単純に清々しくとはいかないようです．

　空気の「清々しさ」の問題は，ここ数年来，環境問題のひとつとして取り上げられるようになってきました．それは，ブラジル，ロシア，インド，中国，南アフリカのブリックス（BRICS）諸国に見られるように経済の発展に伴って電力の需要が伸びている国々で，国内の長い距離に電力を送るのに直流による送電が検討されていることがきっかけとなっています．それは，電気を直流で送る計画に伴い，直流送電線から発生する直流の電磁波，ならびに導体表面での高電圧によるコロナ放電，それによる送電線周辺の空気の電離によるオゾンや帯電された空気イオンの発生と空気による空気イオンの流れが生じることなど，複雑な電気現象が見られるためです．空気中に浮遊するイオンの環境や健康への問題などが，あらためて取り上げられるようになってきています[33]．

◆ 参考文献
1) Potamian B, Walsh JJ: Makers of electricity, pp.133-161, Fordham University Press, New York, 1909.
2) アレクサンダー・フォン・フンボルト：『新大陸赤道地方紀行』(中)，大野英二郎訳，岩波書店，2001年．
3) Keithley JF: The story of electrical and magnetic measurements- from 500 BC to the 1940s, p.50, IEEE Press, 1999.
4) メアリー・シェリー：『フランケンシュタイン』，森下弓子訳，創元推理文庫，1984年．
5) Pancaldi G: Volta -Science and culture in the age of enlightenment. Princeton University Press, 2003.
6) 徳富健次郎・愛：『日本より日本まで』，蘆花全集第13巻，214-247頁，新潮社，昭和4年．
7) 福沢諭吉：『福翁自伝』，ワイド版岩波文庫，141頁，岩波書店，1991年．

8) ホーレス・ウォルポール:『オトラント城綺譚』, 平井呈一訳, 牧神社, 1977年.
9) ヴィクトル・ユゴー:『氷島奇談』, 世界の文学7, 島田尚一訳, 中央公論社, 1964年.
10) Keithley JF: The story of electrical and magnetic measurements – from 500 BC to the 1940s-, p.31, IEEE Press, 1999.
11) ベンジャミン・フランクリン:『フランクリンの手紙』, 144-145頁, 蕗澤忠枝編訳, 岩波文庫, 2003年.
12) エミリオ・セグレ:『古典物理学を創った人々』, 154頁, 久保亮五・矢崎祐二訳, みすず書房, 2009年.
13) フリードリッヒ・ダンネマン:『新訳大自然科学史』, 第6巻, 31頁, 安田徳太郎訳編, 三省堂, 1978年.
14) ベンジャミン・フランクリン:『フランクリン自伝』, 245-246頁, 松本慎一・西川正見訳, 岩波文庫, 2007年.
15) 岩波書店:『広辞苑』, 第1版, 1961年.
16) 小山正栄:『えれきてる物語』, 116-118頁, 九州電力株式会社, 昭和45年.
17) 本野亨:「阿蘭陀始制エレキテル究理原」に就いて,『電氣學會雑誌』, 第55巻, 637-640頁, 昭和11年.
18) 岩波書店:『理化学辞典』, 第5版, 1998年.
19) ベンジャミン・フランクリン:『フランクリン自伝』, 243-244頁, 松本慎一・西川正見訳, 岩波文庫, 2007年.
20) 逓信総合博物館:http://www.teipark.jp/display/museum_shozou/museum_shozou_08.html (平成25年3月29日確認)
21) 芳賀徹:『平賀源内』, 朝日選書379, 朝日新聞社, 1989年.
22) 久生十蘭:『平賀源内捕物帳』(久生十蘭コレクション), 朝日新聞社, 1996年.
23) 長野市・松代文化施設等管理事務所編:『佐久間象山の世界』, 2004年.
24) 勝海舟:『氷川清話』, (勝海舟全集21), 60頁, 講談社, 昭和48年.
25) Fleming JA: Fifty of years of electricity, p.12, The Wireless Press, Ltd, London, 1921.
26) 木村正・谷口正弘:『空氣イオンの理論と實際』, 南山堂, 昭和13年.
27) 中谷宇吉郎:『中谷宇吉郎集』, 第2巻, 196-197頁, 岩波書店, 2000年.
28) Reiter R: Phenomena in Atmospheric and Environmental Electricity, pp.470-471, Elsevier, 1992.
29) エッカーマン:『ゲーテとの対話』(下), 33頁, 山下肇訳, 岩波文庫, 1969年.
30) Faust, V.: Biometeorologie: Der Einfluß von Wetter und Klima auf Gesunde und Kranke, 2.Auflage, pp.326-327, Hippokrates Verlag Stuttgart, 1978.
31) Sulman FG: The effect of air ion ionization, electric fields, atmospherics, and other electric phenomena on man and animal, Charles C Thomas Pub Ltds, 1980.
32) Charry JM, Kavet R: Air ions: physical and biological aspects, CRC Press, Boca Raton, 1987.
33) CIGRE・JWG B4/C3/B2/50: Electric field and ion current environment of HVDC overhead transmission lines, ELECTRA No.257, pp.88-91, August 2011.

コラム 2
オーム

　抵抗の単位としてお馴染みのオーム〔Ω〕について紹介します。小・中学校で電気を習うときに，電圧と電流の関係を「オームの法則」として最初に勉強します。この「オームの法則」を発表したのがドイツのオームです。オームはフランス革命が勃発した1789年に，バイエルン王国のエルランゲン（Erlangen）に生粋のドイツ人として生まれました。オームの正式の名前はGeorg Simon Ohm（1789-1854）で，錠前屋を営んでいる両親の長男として生まれ，7人の弟妹がありました。

　「オームの法則」は，線状導体の2点間を流れる電流（I）が2点間の電圧ボルト（V）に比例するというものであり，$I=V/R$（$V=IR$）と表わされます。比例定数Rは電気抵抗で，物質に固有な"物質定数"であり，単位はΩ（オーム）で表わされます。

　1805年，オームはエルランゲン大学に入学しましたが，学費が続かず一度中退しました。しかし，1811年に同大学で博士号を取得しています。その後1820年頃から，オームはガルバーニ電池を使って電流と電圧との関係を調べる実験を開始し，1826年に出版した『Die Galvanische Kette, mathematisch bearbeitet』（ガルバニック電池の数学的研究）のなかで，電気回路に関する法則として「オームの法則」について言及しました。しかし，この法則はすぐには世間に認められなかったといわれています。

　「オームの法則」の発見15年後の1841年に，イギリスからコプリー賞が授与されています。その後，オームはイギリス王立協会の会員に選ばれています。このようにまずイギリスで注目され，次第にドイツ国内ならびに世界で評価されるようになっていきました。

オーム

オームの法則（ドイツ・ヨーロッパ切手，1994年）

1833年にオームはニュールンベルグの工業学校に職を得て，1835年にはエルランゲンの数学の教授に，1849年にミュンヘン大学の実験物理学の教授に任命されました。任命されたのは，亡くなる5年前でした（3年前ともいわれています）。

　1881年の万国電気会議で，電気抵抗の単位の名称としてΩ（オーム）が採用されました。この会議では，ほかにボルト，アンペア，クーロン，ファラッドなどの実用単位が制定されています。

第3章

地球を駆ける

　地球を取り囲んでいる電磁波は、生命と大きくかかわっています。太陽の惑星として誕生した地球は，46億年の歴史のなかで，太陽放射・雷放電などによって水・アンモニアやメタンなどからアミノ酸・核酸・たんぱく質ができ，さらに光合成により生命が生まれてきたと考えられています。地球上の生物は，多くの自然の電磁環境にさらされてきました。電磁波のエネルギー放射について考えながら，生物とそれを取り囲む環境とのかかわりを取り上げてみます。とくに，自然に発生する電磁波と生物のかかわり合いがわかるように，シューマン共鳴と人の生体リズムをみてみましょう。

3.1 生物圏の物理環境

　平成22年（2010年）3月19日付の朝日新聞朝刊に「太陽まもなく「冬眠」」の見出しで，太陽の活動が弱まる可能性があるという興味ある記事が掲載されました。その記事によると，約11年の周期でくり返されている太陽の活動が2割ほど長くなり，表面の磁場も観測史上最低レベルを記録したことがわかった，ということです。このような現象は太陽の活動が弱まる直前の特徴として知られています。すなわち，周期が伸びると太陽の活動が低下する傾向があると記事は伝えています。このような太陽の活動が低下する現象は1645-1715年ならびに1790-1830年にも見られており，前者はマウンダー極小期，後者はダルトン極小期とよばれています。しかし，太陽の活動が低下するしくみや，地球の気候への影響などはよくわかっていません。わかっているのは，太陽の

活動は，太陽表面の黒点の数によって変わること，この黒点はほぼ11年周期で増減をくり返していることです。

太陽の活動が変化した結果，地上の活動，とくに経済活動が大きな影響を受けた例を紹介します。1989年3月13日の月曜日，現地時間の夜中すぎ，カナダのケベック州，モントリオール郊外にある発電所が突然ダウンして大規模な停電が発生しました。のちに「ブラック・マンデー」とよばれるこの大停電は，600万人の人々が10時間にわたって電力なしの生活を過ごすことになりました。発電所の被害総額は700億円を超えたといわれています。この大規模な停電の原因は，周期的に太陽の表面に現われる黒点でした。黒点で発生する強い磁界によって，3月10日太陽面に現われた黒点と巨大な太陽面で爆発（フレア）が引き起こされ，それによって放出された太陽風（イオン粒子の流れ）が地球にも襲い掛かり，大電流が電離層に流れました。この電流が地球の地表に達して送電線に過剰な電流が流れ，突発的な停電を引き起こしたのです。そのときのオーロラはアメリカ合衆国のフロリダ州でも見られたとされています。

このように宇宙の環境変化がわれわれの社会生活に大きな影響を与えることが考えられるため，宇宙の環境変化を予測する「宇宙天気予報」が検討され，1988年，世界に先駆けわが国は，宇宙天気予報システムの開発をスタートさせています。いまでは，(独)情報通信研究機構に「宇宙天気情報センター」が設けられています[1]。活動の一環として太陽活動，地磁気の活動予測・警報，太陽フレア，地磁気嵐，太陽黒点相対数，地磁気指数などの情報が提供されています。それによって，電力系統や通信線・航空通信，全地球測位システム（Global Positioning System, GPS），気象予測，人工衛星への障害などに対する予報が行なわれています。

ちなみに，ブラック・マンデー以前にも電力系統や通信線に磁気嵐が障害を与えた例が見られますが，これについては文献を参考にしていただければと思います[2]。

地球は，約46億年前に太陽系の一惑星として誕生しました。地球の原始大気は，じわじわと地殻から吹き出した火山ガスからなり，そのおもな成分は二酸化炭素と水蒸気であったと推測されています。最初は高温の環境であったかもしれません。何億年かの時の流れのなかで，その水蒸気は凝集して水となり，

地表面の約70%を覆う海洋が形成され、地球は水の惑星に変貌しました。また、大気中の二酸化炭素は藍藻や緑藻の光合成作用に吸収され、次第に酸素に置き換えられました。こうして、生物の存在が可能となる水と酸素の豊富な地球環境が形成されたと考えられています。

　また太古の地球では、強烈な紫外線が降りそそいでいたといわれています。紫外線のもつ強いエネルギーによって生命の出現が阻まれ、最初の生命は紫外線の到達しない海の中で誕生したとされています。それは藍藻の化石として約20億年前の岩石の中にみられます。その岩石の中には葉緑体の分解生成物と思われる高分子の炭化水素の存在も確認されており、その頃にはすでに光合成があったものと考えられています。この光合成による大気酸素の増加は、生物に重要な環境の変化をもたらしました。それは、大気上層の酸素が太陽からの紫外線の影響を受けて、オゾンとなり地球周辺にオゾン層が形成されたことです。オゾン層は紫外線の多くを吸収したため、植物、生物が陸上でも生息できるようなおだやかな地球環境が形成されました。

　生命の誕生については、シカゴ大学教授のユーリ（Harold Clayton Urey, 1893-1981）とユーリの教え子ミラー（Stanley Lloyd Miller, 1930-2007）が1953年に行なった実験が有名です[3]。それは原始大気を模擬した人工大気を容器に封じ込め、エネルギー源として雷を模したスパーク放電を加えた室内実験です。原始大気を模擬した人工大気の成分は水素、メタン、アンモニア、水で、スパーク放電を加えたあと、アミノ酸が合成されました。ユーリは「重水素の発見」でノーベル化学賞を授与されています。また、ミラーはのちにカリフォルニア大学教授になっています。

　さて、地球はその性質によって何層かに分けられる大気層によって覆われています。

　高度約12kmまでが対流圏（Troposphere）です。ここでは気象現象が卓越しており、大気は海や大地から熱を得て上昇し、膨張して冷え、水分の凝結で雲や雪や雨となります。このような気象現象による静電気が発生し、地表面では約100V/mの電界が発生していますが、大気が絶縁体となっています。

　高度10-50km程度は成層圏（Stratosphere）です。成層圏は、内部のオゾン層が太陽放射に含まれる紫外線を吸収して大気を加熱することから形成され

ています。

　高度50-80kmは中間圏（Mesosphere）です。

　高度80-450km付近までは電離現象が卓越し，電離圏（Ionosphere）とよんでいます。ここでは，酸素原子が太陽の紫外線やX線を吸収し，酸素原子が陽子や電子に衝突して電離現象が起きています。電子密度の分布により約90km以下をD層，90-140kmをE層，140-400kmをF層とよんでいます。電離圏では電子やイオンの動きにより電流が流れやすく，高層大気の潮汐運動や地球磁場の作用で流れる電流によって地磁気の日変動が生じています。

　地球上の生物は太陽光線の中で進化し光を感知するようになり，人は太陽のスペクトルの中で自然光として可視領域（0.38-0.76 μm）の光を感じています。ニュートン（Isaac Newton, 1642-1727）は，1672年（『光学』：1704年に出版）に，初めて光を七色（赤，橙，黄，緑，青，藍，紫）に分解しました。その後，ハーシェルとリッターによって赤外線と紫外線の存在も知られるようになりました。ドイツ出身，イギリスの天文学者ハーシェル（Friedrich William Herschel, 1738-1822）は，分光した場合に青より赤が熱的な作用が大きいこと，さらに赤の外側により熱的な作用が強い赤外線があることを1800年に発見しました。また，ドイツの物理学者リッター（Johann Wilhelm Ritter, 1776-1810）は，紫の外側での化学的な作用をもつ紫外線を1801年に発見しました。人が感じる可視光は，電磁波のごく一部であることがわかってきました。可視光のもっているエネルギーは，約1.7-3.0 eVで，紫外線のエネルギーは約6.0 eVです。紫外線はこの強いエネルギーのため，細胞にダメージを与えることになります。

　さて，人間も含めすべての生き物や物体は，その温度で決まる光—電磁波—を出しています。たとえば，体温が37℃（絶対温度：約310K）の人間は，約10 μmの赤外線を発生しています。1800年代後半，この光の放射の問題を定量的に扱う必要が生じ，黒体（Black body）という理想的な物体が考え出されました。この黒体による放射の考え方を量子論として完成させたのは，量子力学の創始者のひとりであるドイツ，ベルリン大学教授のマックス・プランク（Max Karl Ernst Ludwig Planck, 1858-1947）です（図3.1）。黒体とは，外から入ってきたすべての波長の光をすべて完全に吸収する物体です。こ

のような考えに基づくと，太陽から放射される光エネルギーの波長分布は，約5,780Kの黒体から放射される光エネルギーの波長分布で近似できます。図3.2は，太陽から放射されるエネルギーの波長分布と黒体を仮定した場合の理論曲線を示します[4]。また，図3.3は，放射に関する「プランクの法則」の発表を記念して1994年にドイツから発行された黒体放射のヨーロッパ切手です。

図3.1　マックス・プランク生誕150年（ドイツ切手，2008年）

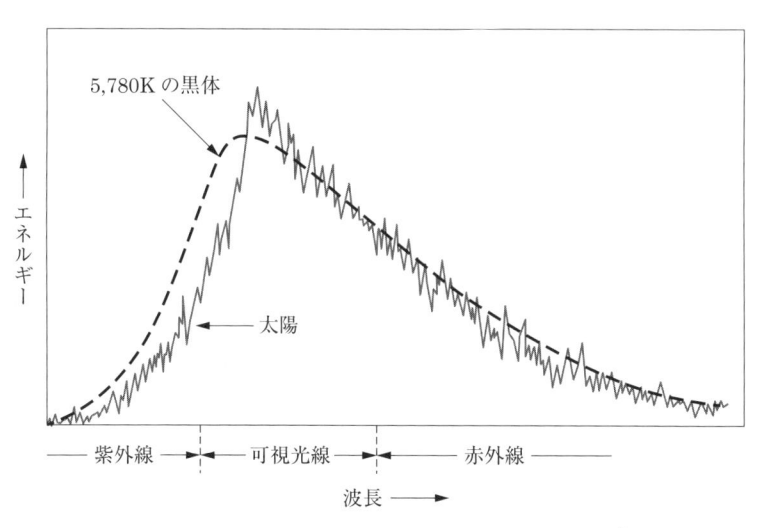

図3.2　太陽放射のエネルギーの波長分布と理論曲線[4]

3.1　生物圏の物理環境　　61

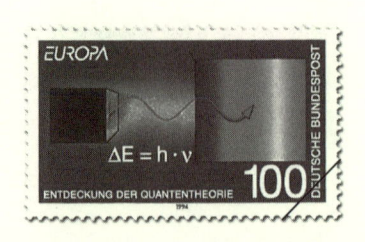

図 3.3　量子論（ドイツ・ヨーロッパ切手，1994 年）

　放射は電磁波によるエネルギーの伝達であり，地球上での熱の出入りには太陽放射と地球放射が考えられています．太陽は約 1.5 億 km の彼方から，波長数百 nm から数 μm にわたる広い周波数範囲の電磁波—太陽の表面温度として約 5,780 K—によって，地球の大気圏外で 1 分間に太陽に面した地球表面 1 cm^2 あたりの面積で 1.96 cal/cm^2·min のエネルギーを地球に供給しています．1 m^2 あたりで 1.37 kW/m^2 に相当します．これは太陽定数（Solar constant）とよばれ，当然この数値は大きく変わることはありません．太陽放射は 0.2-4 μm にあり，その放射の強度の最大値は波長 0.475 μm にあります．

　地球はその熱エネルギーによって暖められ，地表や海面，大気からはその温度（290 K）に対応した電磁波—波長数 μm から数百 μm—が宇宙空間に放出されます．その地球放射による放射エネルギーと太陽から入射するエネルギーはほぼ平衡しており，地表の温度は生命の維持に適した一定の温度に保たれています．これが温室効果で，図 3.4 は環境保護シリーズの一環としての温室効果を説明している切手です．

図 3.4　温室効果（キルバス切手，1998 年）

地球放射は4-100μmにあり，その放射の強度の最大値は波長11 μmにあります。また，波長8-12μm領域での放射は，地球大気による吸収が弱く地球大気の外に到達するため，この波長の領域は「大気の窓」とよんでいます。一方，二酸化炭素は波長2.5-3μm，4-5μmが強い吸収帯となっており，この吸収帯があることから地球温暖化の問題として二酸化炭素の増加が議論されています。

　このような環境のなかで，植物は光合成によって大気中の二酸化炭素を固定して酸素をつくり，動物はその植物に依存して生命を維持してきました。こうして地球には，他の惑星では見られない生物圏が構成されました。これは約5億年前のことといわれています。

　このような太陽の恵みを受けて太古の地球環境は育まれましたが，多くの種類の強烈な放射線が飛び交っており，生物にとって決して優しいものではありませんでした。このことは，1972年にフランスの原子炉庁によってアフリカのガボン共和国で発見されたオクロ鉱床の天然原子炉が，雄弁に物語っています[5]。驚くべきことにオクロには，現在の原子力発電に使用されているものと同じ程度の高濃度のウラン鉱があり，自然の核分裂連鎖反応が行なわれていたのです。その核分裂生成物の詳細な調査により，この天然の原子炉はいまから約17億年の昔に出現し，60万年の長期間にわたって約30kW相当のエネルギーを燃やし続けていたものと推定されています。オクロ以外には，天然の原子炉は見つかっていませんが，この天然の原子炉の例からわかるように太古の地球の表面近くには濃度の高い放射性物質を含む岩石が多量に存在し，地上の放射線環境はきわめて厳しかったに違いありません。しかし，十数億年という長い年月の経過によって各種の放射能は次第に消滅し，現在の静穏な地球に落ち着いたものと考えられています。

　また，地球上のすべての生物ははるか天空から降り注ぐ宇宙線にも曝されてきました。幸い，宇宙線は地球の磁界や電離層の影響を受けて弱まりますが，ある程度の量—1cm^{2}あたり1秒間1-2個程度—は，つねに大気を突っ切って生物圏に飛び込んできます。

　生物はこのように地球の岩石から発生する放射線と宇宙から飛来する放射線のなかで生存し，そして進化してきました。放射線は生物の生命を脅かすとと

もに突然変異を発生させ，それが生物進化の原動力ともなりました。現存する生物種は海生，陸生の生物を合わせて約200万種を超しますが，進化の途中で滅びた生物種の数は恐らく，その100倍を超すだろうといわれています。

　さらに生物は，地球自身がつくり出す電界，磁界，空気イオンおよび地球の周囲をかけ巡る周波数の低い電磁波にも曝されてきました。自然放射線が強かった太古には，電離による空気イオンの発生はいまよりもはるかに激しかったため，生物に与える影響も大きかったと考えられています。また，熱帯的な気象条件の時代や造山活動の活発な地質時代には，激しい上昇気流や火山の爆発による雷雲の発生も多く，雷による発電現象は現在よりはるかに強烈だったに違いありません（図3.5）。このため地球上には，つねに強い静電界や低周波電磁波が存在し，それらは生物の進化にいろいろな影響を与えてきたものと推測されています。

図3.5　エッフェル塔への落雷（1890）（パリ，オルセー美術館©R.M.N., Paris 2004）

　放射線はその強いエネルギーによって生物の生命を脅かし続けました。しかし，生物は同じ刺激をわずかずつ長期にわたって受け続けるとその刺激に対する抵抗力が増大する性質―適応応答―があります。たとえば，X線照射によって人のリンパ球に生じる染色体異常は，その細胞に前もって弱いX線を照射しておくことで減少することが知られています。これは，細胞が低レベルの放射線に適応応答―DNAの修復―するためと考えられています。このような現

象を放射線ホルメシスといい，研究が進められている状況であります。

　電界，磁界および低周波電磁波のもっているエネルギーは，放射線とは比較にならないほど小さいものです。生物は，そのようなエネルギーレベルの低い自然現象に対しては，適応応答のような防御手段としてではなく，生命を維持するための手段として積極的に利用してきたことが推測できます。たとえば，地磁気は鳥の渡りや魚の回遊に利用されている可能性があり，静電界や空気イオンは生物の成長に深く関係しているようです。また，生命の基本的なリズムをつくる生物時計の形成には，地球を駆けめぐる低周波電磁波 ― シューマン波 ― が深く関係しているのではないかと推測されています。

3.2　シューマン共鳴

　1977年に，ドイツ，ミュンヘン工科大学教授のケーニッヒ（Herbert König, 1925-1996）は，『Unsichtbare Umwelt』を出版しました。『目に見えない世界』と訳すことができ，直接目にすることができない自然界の大気電磁現象が，人や動物や植物，生態系に及ぼす影響について研究した非常に興味ある本です。ケーニッヒは「シューマン共鳴」で有名なシューマンの教え子で，ケーニッヒが書いた本は，シューマン共鳴で示される周波数帯の電磁現象をはじめ，低周波および高周波の各領域の電磁現象が生物に及ぼす作用について多くの事例を示しています。この本によって自然界の大気電磁現象と生物との関係に興味を持った人は多いと思います。私の手元には1986年発行の同書があります[6]。この本はケーニッヒから直接送っていただいたものです。これには，初版以降1986年までに報告された新しい研究論文が追加されています。送られてきた当時のケーニッヒの肩書きは「Prof. Dr-Ing. H. L. König, am Lehrstuhl für Technische Elektrophysik, Technische Universität München」でした。ミュンヘン工科大学・電気物理学教授と訳すのでしょうか。いただいた本は，1977年版と一緒にいまでも大切に使っています。

　少し話はそれますが，生体と電磁波に関する学会として，アメリカに事務局がある国際生体電磁気学会（The Bioelectromagnetics Society, BEMS）があります。この学会は1978年に設立され，設立当初のおもな目的は，当時問題

になっていたマイクロ波の生体影響を解明することでした。今日では，携帯電話からの電磁波も含めさまざまな電磁現象を扱い，生体と電磁現象の関係を明らかにする世界で唯一の学会に成長しています。2006年6月に第22回年次大会がミュンヘン工科大学を主会場として開催されましたが，私は大会に出席する機会にケーニッヒ教授に会えるのではないかと，教授がすでに亡くなられていたことを知らずに大学内を歩き回っていました。

　本節の表題「シューマン共鳴」は，1952年にミュンヘン工科大学の教授シューマン（Winfrield Otto Schumann, 1888-1974）が，大気中での雷放電による低周波帯の共鳴現象を理論的に予測し，弟子のケーニッヒが実験的に明らかにしてきた電離層を舞台にした現象です[7]。シューマンとケーニッヒの実験には，のちに生体電磁気の研究で有名になるアメリカ，ロードアイランド大学教授のポルク（Charles Polk, 1920?-2000）が共同研究者として参加しています。

　シューマンはドイツのチュービンゲン生まれで，若いときはドイツのカッセル，オーストリアのベルンドルフ，チェコのカーリンで過ごし，1920年にシュツッツガルトにある工科大学で教授の資格を取得しています（図3.6）[8]。その後，ウィーン大学の物理学教授となり，1924年にミュンヘン工科大学の新設の電気物理研究室（その後，電気物理研究所に発展）に移り，1961年に73歳で退官するまで同研究室で教授として研究に励んでいます。シューマンは高周波技術・プラズマ物理に興味をもち，電離層の挙動，プラズマ実験を進め，波の伝播，稲妻によって誘導される電磁波問題を扱い，地球表面と電離層を球

図3.6　シューマン教授（©Wiley-VCH Verlag GmbH & Co., KGaA, 掲載許可）[8]

殻状の空洞と考え雷放電で生じる電磁共鳴を理論的に明らかにし，地球表面と電離層のあいだで極超長波が伝播する現象を取りまとめました．今日では，理論予測したシューマンの名前にちなんで「シューマン共鳴」とよばれています．岩波の理化学辞典によると，シューマン共鳴は「地表と電離層との間の空間が導波管のはたらきをし，雷放電などで励起されて共振振動を生ずる現象．固有振動の基本周波数は約8Hzである」とあります[9]．

シューマン共鳴のおもな発生源は自然の雷放電現象です．図3.7は1年間に1km^{2}あたりに地球上へ落ちる落雷の分布の様子を濃淡で表したものであり，熱帯地域を中心に絶えず雷が発生していることがわかります[10]．このように，地球上ではつねに大小あわせて同時に1,000-2,000個の雷雲が発生しています．全地球的な規模で見た場合，落雷の頻度は1秒間に平均約160回で，落雷によって地球に流れ込む全電流は1秒間に約20万Aと推定されます．

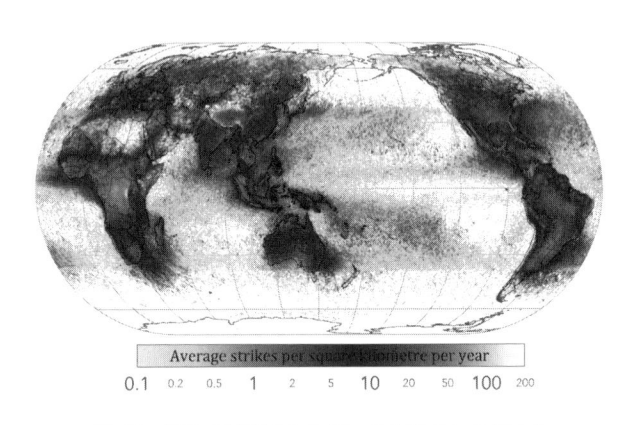

図3.7　衛星で観測されたデータを基にして求めた
落雷の年平均回数分布（1995-2002）（回/km^2）（NASA）[10]

雷放電は数Hzから数百MHzの幅の広い周波数帯域の電磁波を発生しますが，周波数の低い成分は伝播に伴う減衰が少ないので，地球の周囲を何回も駆け回ることができます．このため，低周波の電磁波は，地球の表面と電離層の下面とでつくる球殻状の空洞の中で共振し，定常波が発生します．その共振の基本周波数は，おおまかには電磁波の速度，光速度（3×10^8 m/s）を地球の周囲の長さ（4×10^7 m）で割った7.5Hz付近にあります．厳密には，電離層の

境界面の電気伝導度が有限であること，球殻状の空洞という特殊な形状をもっていることにより，基本周波数は7.8 Hzとなります．高次の共振周波数は，シューマンにより以下の式で表わされました．

$$f_n = 7.8\sqrt{\frac{n(n+1)}{2}} \quad n = 1, 2, 3 \ldots$$

シューマン共鳴の基本周波数は7.8 Hzであり，高調波として13.5，19.1，24.7，30.2，35.7，41.3 Hzとなりますが，これらの低周波領域の定在波による共振現象がシューマン共鳴として知られています．また，ポルクらの観測結果から，比較的高い周波数の定在波は減衰することがわかっています．

話が変わりますが，1924年にドイツの精神科医ベルガー（Hans Berger, 1873-1941）が初めて人の脳の電気的な活動を頭皮の上から記録し，脳波（Electroencepharogram, EEG）と名づけました．人の脳波は，眠たくなったとき，興奮したときなど活動の状態によって大きく変化します．その変化の様子を表わす脳波は，α, β, θ, δ波などとよばれています．健康な成人が眼を閉じて安静にすると，平均の振幅が10-30 μV程度の電圧で8-13 Hzの周波数の脳波が測定されます．これはα波とよばれています．眠くなるとα波は減少し，周波数は4-8 Hzで電圧の低いθ波（徐波）が現われます．また，神経の活動時や感覚的な刺激を受けているときには，β波とよばれる14-25 Hzの周波数帯の波が現われてきます．このような脳波波形は，シューマン共鳴による波，局地的な電界変動波形と非常に類似していることが，ケーニッヒらによって指摘されてきました．人の脳波との類似性から，生物発現の太古から自然界に存在し，昼夜を分かたずに地球上を駆け巡っている雷に由来する低周波電磁波が，人の脳波の形成に大きな影響を与えたのではないかと考えるのも自然なことと思われます．

シューマンは，雷放電が生物に与える影響に興味をもっていたようで，教え子のケーニッヒが引き継ぎました．ケーニッヒの研究グループは，『Unsichtbare Umwelt』に書かれているように，酵母・バクテリアから動植物・人に至るまで数多くの実験を報告しています．理論的な予測でのシューマン共鳴は7.8 Hzが基本周波数になりますが，同書ではシューマン共鳴で観察される周波数帯を

含んだ実験が数多く報告されています。代表的な周波数として10Hzを取り上げています。ケーニッヒらは，人は気象変化に対して感受性があり，10Hzの周波数の電磁現象との関連性を述べています。また，10Hzの正弦波電界を人に加えると，概日リズムや反応時間が変化することなどを報告しており，人は進化の過程で低周波帯の電磁環境に適応してきたのではないかと想像されます。

　このようにシューマンがシューマン共鳴を理論予測した1950年代から60年代にかけては，学術的な興味からシューマン共鳴，落雷に伴う局所的な電界変動の地球規模での観察などの多くの研究がなされました。その後，アメリカでは，アメリカ海軍の潜水艦同士の通信に低周波電磁波を利用することを目的とした研究を「Sanguine（サンジュイン）プロジェクト」(その後，Seafarer（シーファーラ）プロジェクト）の名前で始めました。このなかには，低周波電磁波の生物への影響についての研究が含まれていました。最後にアメリカのアリゾナ州での落雷の様子を紹介します（図3.8）。

図3.8　アメリカ・アリゾナ州リゾートでの落雷（©Smith-Southwestern, Inc）

3.3　脳波との類似性

　前節で示したことを少し違った観点から述べてみたいと思います。自然界における電磁波のおもな発生源は雷です。雷は雷雲内に生じた多量の電荷を数μ秒のあいだに数kmにわたって大電流として大地に放電し，その電流は数千から数万Aに達します。これによって地球規模での電磁波が発生します。曲がり

くねった長大な放電路は長短さまざまな巨大アンテナの役割を果たし，その放電路の各部分からその長さに応じた周波数の電磁波を放射します。

このような雷放電による電界の変動を遠方から観測すると，どのような波形が観測されるのでしょうか。雷放電からの観測距離が近い場合には単一のパルス的波形ですが，観測距離が遠くなるにつれ次第に周期の決まった振動波形に近づいていきます。振動波形になるのは，雷放電によって発生した電磁波が大地と電離層とのあいだを何回も反射しながら進行し，特定の周波数で共振現象を起こすからです。即ち，地表面と高い導電率をもっている電離層とで囲まれた球殻状の空間は，雷放電によって放射される電磁波に対して大規模な導波管の役目を果たしています。放電の際に放射される電磁波の周波数は，低くは数Hzから高くは数百MHzにまでわたっています。

このように，電離層と地球とのあいだでは低周波の電磁波が放射されていることが理論的に予測され，観測からも明らかにされました。周波数の低い成分は伝搬に伴う減衰が少ないので，地球を何回も駆けまわることができます。この地表面と電離層下面とでつくる球殻状の空洞の中で共振し，定常波を発生することになります。前節で述べたように，この現象はドイツのシューマンによって理論的に予測されたので，シューマン共鳴現象といい，この共鳴波をシューマン波とよんでいます。また，この現象は，シューマンの弟子のケーニッヒらによって実験的に確認されてきました。シューマン共鳴の固有振動の基本周波数は約7.8Hzであります。

ところで，医学用語で振戦（トレモロ）という言葉があります。これは身体の一部または全身に現われ，意識と無関係に生じる付随的でかつ律動性のある振動です。健康で健常な人にみられる振動は，生理的な振戦といわれています。たとえば，両腕を横に伸ばしたままの姿勢でいると，次第に腕が震えて，かすかに振動します。これは筋肉が神経によって調節されている正常な現象です。その振動の周波数は，8-12Hzで主周波数は10Hzですが，ほとんどの人はこのような生理的な振戦に気がつくことはありません。

さて，シューマンの教え子のケーニッヒらは，自然界中で周波数が1-25Hzの電磁現象で生じる信号を分類し，局地的な気象変化によって生じる電界変動の周波数を，それぞれ8Hz，3-6Hzおよび0.7Hzの3種類に分類できるとし[6]，

それぞれをタイプI，タイプII，タイプIIIの電界変動と名づけました．また，これらの電界変動の周波数が人の脳波の周波数と同じ領域にあることから，低周波の電気信号と人の活動とのあいだには何らかの関連性があるのではないかと考えました[11]．

さて，雷によって低周波の電磁現象が生じれば，その電界によって大気中には電流が流れ，その電流によって同じ周波数の磁界が発生することになります．一方，電磁波は周波数が高いほど減衰が大きくなることから到達距離は短くなり，もし一地点で観測した場合，電界と磁界の大きさは周波数にほぼ反比例することが報告されています．数Hzから十数Hzの超低周波領域の電界，磁界の大きさの概略値はそれぞれ10^{-3}-10^{-5}V/mおよび10^{-12}-10^{-14}T程度です．

ドイツ，ガルミッシュ・パルテンキルヒェンのフラウンホーファ協会の生気象研究所のライター博士（Reinhold Reiter）は，空気中の放電で生じる電気信号は非常に小さいが，周波数は50kHzまでに達すると報告しております．このような現象が人の活動に与える可能性を解明するために，1953年にミュンヘンで開催された交通博覧会で，多数の入場者を対象として興味ある実験が試みられました[12]．それは，椅子に座った被験者が，座席の前に置かれたライトが点燈すると直ちに手元の反応テスト盤のキーを押すというもので，その反応時間とそのときの自然界に存在する低周波電界との相関性を調べました．その結果，タイプIのときには反応時間は短くなり，タイプIIでは逆に長くなる結果が得られました．統計的な評価としては問題があると指摘されていますが，空気中の放電による電気信号と人の反応に何らかの関連性があることを初めて報告しました．

一方，自然界で生じる電気信号を人工的に発生させて，交通博覧会の結果を確認する研究も行なわれました[13]．実験に用いた信号は，タイプIは10Hzの正弦波でその大きさは2V/m，タイプIIは基本周波数が3Hzとその高調波を含んだ波形で大きさは1V/mです．この結果は，交通博覧会での結果を確認することとなりました．その後，10Hzのパルスで変調された直流電界を使って学生・労働者を対象に注意力・集中力への影響を調査した実験や，同様な電気刺激条件でドライブ・シミュレータを使用した反射能力，注意力などに対する影響が調べられました．

このような刺激に対する応答実験に加え，ドイツ，マックス・プランク研究所教授のウェーバ（Rütger Wever, 1923-2010）はシューマン波の電気的な信号に着目して10Hz，2.5 V/mの電界が人の概日リズムに与える影響を調べています。地球上の多くの生物は，ほぼ24時間を周期としたリズムをもっており，そのような周期は概日リズムとよばれています。このような昼夜の明暗周期に対応するリズムに10Hzの電界が影響を及ぼすかどうかを明らかにするために，地下室に自然界の電磁波や外界の音・光を遮断した実験用の部屋をつくり，その中に人を数週間にわたって住まわせ，活動や睡眠・体温・尿排出のリズムなどを測定しました。さらにはシューマン波の周波数の電界が生物のもっている固有のリズムの同調因子となるかどうかについての動物実験を行なっています。これらの実験の詳細は次節にあらためて詳しく述べることにします。

表 3.1　人・諸動物の脳波

		周波数 (Hz)	電圧 (μV)
人（成人）	α波（安静時）	8-12	5-100
	β波（神経活動時）	16-25	5-30
	δ波（睡眠時）	0.5-3	α波に同じ
	θ波（興奮時）	4.7	α波に同じ
動物	イヌ・ネコ	10-16	
	モルモット	6-7	
	ウサギ	3-6	
魚	サケ	14-16	
	金魚	14-16	

出典：長沢他：実験動物ハンドブック（養賢堂 1983），
　　　林香苗：解剖学および生理計数（秦川堂書店 1956），
　　　Hara TJ : Chemoreception in Fishes（Springer 1992），
　　　川本信之編：魚類生理（恒星社厚生閣 1970）

　人の脳波の形成が，自然界の電磁波と密接な関係をもつならば，それは単に人だけではなく地球上のすべての動物が同じ周波数をもっているのではないかと推測されます。このような推測から動物（イヌ，ネコ，モルモット，ウサギ）および魚（サケ）の脳波の周波数を調べてみると，表3.1のようになります。この表からは，動物も魚も人に近い数Hzから数十Hzの脳波をもっていること

がわかり，シューマン波との相関性の推理は当たっているようにも見受けられますが，いかがでしょうか。

以上をまとめると，低周波の電磁現象が人や動植物に与える影響を明らかにする研究は1960年代にドイツを中心に行なわれました。その結果は，ケーニッヒの著書で報告されています。その後，報告されている結果に対して，十分な再現性を踏まえた研究が行なわれていません。

理論的にまた実験的に示されているシューマン波と生物の脳波や活動との関連性を明らかにするのは容易でないと思われます。10Hzのシューマン波が人に影響を与えていると考えることもできますが，人の活動は多くの要因によって制御されていることから，シューマン波が人の行動に影響を与えると断定・明言できるほどの十分な実験的な裏づけは乏しく，推測の域にすぎないのではないでしょうか。今後，これまで以上の十分な研究が望まれます。

3.4 低周波電界と概日リズム

人は昼間には目覚め，夜になると眠くなる一定のリズムをもっています。しかし，ジェット機でアメリカやヨーロッパへ旅行して昼夜の時間がずれると，昼間に無性に眠くなり，夜は眠ろうとしても眠れなくなることを経験します。人によっては，これが2-3日続き，現地の昼夜に慣れたと思ったら帰国，ということも多いのではないでしょうか。これは，体内時計が時差と無関係に元のリズムを維持し続けることによります。人の睡眠，体温，脈拍，酸素消費量などの生理機能の日周変化は，主として可視光，即ち昼夜の明暗周期と関係があると考えられています。

また植物も明暗周期で形成されるリズムをもっています。マメ科の植物の葉は昼間はほぼ水平に開いていますが夜になると垂直に垂れ，24時間の周期で正確に開閉を繰り返しています。このような周期性は藻類でも観察されており，弱い光の中で低温培養された単細胞藻類の発光に日周性リズムがあります。

いうまでもなく，動物もすべて1日のリズムをもっており，ラットの体温・呼吸・活動も周期性を示しています。

このように，地球上のすべての生物は，ほぼ24時間を周期としたリズムを

もっており，その周期を概日リズムといいます。その形成は，地球の自転に基づく昼夜の明暗変化に対応して生体内に擦り込まれた生物時計によるものと考えることができます。

日周性のリズム変化が生体に及ぼす研究分野は「時間生物学」とよばれ，比較的新しい学問領域です。時間生物学の開拓者として有名なマックス・プランク研究所教授のアショッフ（Jürgen Aschoff, 1913-1998）は，「アショッフの法則（フリーラン（自由継続）リズム周期と照度の関係は，動物が夜行性であるか昼行性であるかによって異なる）」を見いだしています。この法則では，フリーラン周期は外部の環境因子を取り除いたあともある周期で継続するリズムを表わしますが，夜行性の動物ではフリーラン周期は照度が上がるにつれて，その周期は長くなり，恒常的な暗の場合には周期が最も短くなります。一方，昼行性の動物ではその周期は恒常暗で最も長くなり，照度が上がるにつれて周期が短くなります。この法則は経験則として発表され，節足動物や昼行性哺乳類などには例外が見られます。

時刻を知る手がかりがない隔離された状態で，睡眠覚醒リズムがどのように変化するかについての疑問は，時間生物学において興味ある問題です。イスラエル，テクニオン大学教授のペレツ（Peretz Lavie）が著わした『20章でさぐる睡眠の不思議』には次のようなことが述べられています[14]。

> 初期の隔離実験で有名なのは，フランスの科学者ミシェル・シフルの実験である。洞穴の調査研究にたずさわっていた彼は，アメリカ・テキサス州のミッドナイト・ケーヴと呼ばれる洞穴に潜り，地下およそ300メートルの場所でみずから被験者となった。睡眠の経過を記録するために，彼の体の各部位には電極が取りつけられた。実験は1962年2月14日に始まり，シフルは洞穴の中で連続100日間を過ごした。洞穴に潜った彼の睡眠覚醒リズムは26時間周期を示したが，そのサイクルに「ゆれ」がないわけではなかった。つまり，ときには30時間とか32時間という長いサイクルが観察されることもあったのである。

人で体温や毎日の睡眠のリズムを記録すると24時間周期のリズムが明瞭に

現われます。この24時間周期は太陽などの外界の要因によって強制的に同期されたものであり、生物固有のものではありません。シフレが洞穴の中で行なった実験以降、より積極的に外界の情報を遮断した状態での生物のもつ固有のリズムへの影響を明らかにする隔離実験が進められました。

深い地下室など音や光、外部の刺激を隔離した状態で生活すると、1-2日で24時間周期がなくなり約25時間の周期となり、これが持続します。これは人がもっている自由なフリーランリズム周期は25時間であることを示しています。

前節で紹介したドイツのウェーバは1960年代以降、人のもっているフリーランリズム周期を観察しました。その結果、図3.9に示すように、約2週間ほど時間の情報から隔離された部屋で生活を送ると、体温のリズムは24時間に近い25.1時間のリズムを刻み、睡眠覚醒リズムは33.4時間に分かれる「内部同期はずれ現象」がみられました（図3.9）[15]。また、25時間の周期でリズムを刻んでいたのが突然50時間周期に変わり、しばらくしてもとの基本周期にもどり、その後、再度倍の周期になる「倍周期現象」が観察されました。

ウェーバの研究をもう少し詳しく述べます。ウェーバは自然の電界が人のフリーランリズム周期に与える影響を調べるために、外界の音や光を遮断した部

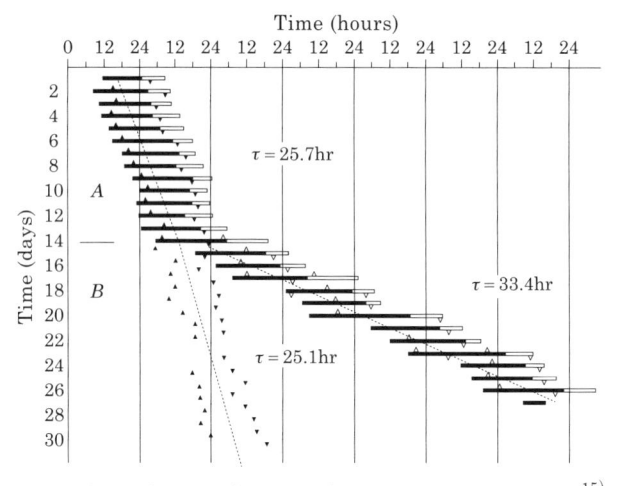

図3.9 直腸温度と睡眠覚醒リズム（横軸は時刻、縦軸は経過日）[15]。
深部体温リズム：▲△最高値、▼▽最低値、睡眠覚醒リズム：━覚醒、▭睡眠。

屋を地下に2部屋つくりました[15]。これは地下壕を改造した部屋で，大きさ，内装，家具の配置などはまったく同じで，1部屋は電気が遮蔽され，他室は遮蔽されていない2部屋です（図3.10）。図3.10に実験室の断面を示しますが，実験室ⅠとⅡでは，リビングルーム（20m^2），台所（a：3m^2），洗面所（b：3m^2）が備えつけられており，通路（c：2m^2）を通して外部と連絡が取れるようになっています。ⅢとⅣはそれぞれ制御室と特殊実験室です。ドアはダブルロックになっており，実験者と被験者が顔を合わせることはありません。この一見何の違いもない2つの部屋に，多くの被験者を数週間にわたって住まわせ，ウェーバは被験者の活動と体温，睡眠，尿排出のリズムを測定しました。その結果，奇妙な現象が観察されました。それは，電気を遮蔽した部屋の被験者のリズ

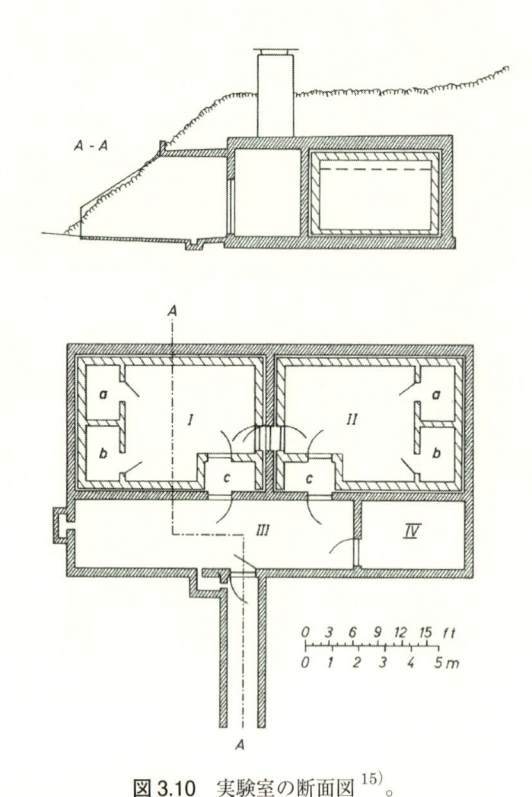

図 3.10　実験室の断面図[15]。
実験室ⅠとⅡにはリビング，台所(a)，洗面所(b)があり，(c)はダブルロックで連絡通路

ム周期には25.1時間と33.4時間の2つの周期に分枝する「内部同期はずれ現象」が観察されましたが，非遮蔽室では1件も観察されなかったことです。また非遮蔽室の被験者のリズム周期は，遮蔽室の被験者のリズム周期より統計的に有意に短かったという結果も得られております。

ついでウェーバは，遮蔽室に自然界とほぼ等しい強度の低周波電界として，シューマン波10Hzで強さ2.5V/mの電界を加えて，リズム周期の観察を行ないました。その結果，電界を加えるとただちに人のフリーランリズム周期は短くなり，電界を切るとまた元に戻りました。また「内部同期はずれ現象」は，電界を加えているあいだは観察されませんでした。このような実験が繰り返され，自然界の10Hzの低周波電界は，生体リズムとしてその周期を1.27時間ほど短くしその個人差を小さくすること，「内部同期はずれ現象」を抑制する，などが結論とされました。

また，ウェーバはグリーンフィンチ (*Cardeulis chloris*) を用いて，10Hzの方形波で強度2.5V/mの電界を繰り返し入れたり切ったりする実験を行ないました。これにより低周波電界をフィンチに加えるとフリーランリズム周期は短く，その電界を切ると周期が長くなり，人で得られた結果と定性的に一致していることがわかり，この結果は1973年に報告されました[16]。しかし，1980年代にリンツェン (T Lintzen) らが，グリーンフィンチに同じ電界条件でフリーランリズム周期を調べたところ，ウェーバが報告した結果と異なり，電界を加えても影響は観察されませんでした[17]。実験は，8.7および65.2V/mの電界強度でも行ないましたが，フリーランリズム周期への影響はみられませんでした。さらに，エンゲルマン (W Engleman) らがイエバエ (*Musca domestica*) を用いて10Hz，1kV/m，10kV/mの低周波電界中での運動を調べ，低周波電界がリズムの同調因子となるかどうかを確認することで，ウェーバが人で行なった観察結果の再現を試みました[18]。10Hz電界中で活動アクトリズムによる行動リズムへの影響，フリーランリズム周期への影響は見られませんでした。イエバエではフリーラン周期への低周波電界の影響が見られていません。

また，10Hzの低周波電界とファラデー遮蔽条件下でマウスの代謝の違いを調べ，ファラデー遮蔽条件でみられる変化が10Hzの低周波電界で改善されることなどが発表されています[19]。10Hzで3.5kV/mの低周波電界，3.5kV/mの

直流電界ならびにファラデー遮蔽条件下でマウスの行動を調べると10Hzの低周波電界中での活動が活発になること，マウスは電界の違いを認識していることなども報告されています[20]。ファラデー遮蔽条件とは，外部の電界が遮蔽された状態を意味します。

シューマン共鳴でみられる10Hzの低周波電界が人や動物の行動や概日リズムに対する影響を調べた報告例をいくつか示しましたが，未だに明確な結論は得られていません。その原因は，一定に制御された環境下で電界のみを実験の対象に与えることが困難な点であります。また，ばく露ケージの材質，ばく露方法など，実験の環境条件のわずかな違いで電界の大きさが変化し，一定に保たれないことです。研究結果の報告には，電界の実測方法や測定値も示されていないなどの問題点もあり，電界を加える電源からの雑音やコロナ放電などの実験技術的な要因を考慮する必要が指摘されます。さらにそれぞれの実験に用いた動物の個体の数が少ないなどさまざまな問題点が指摘されます。

少し話題をかえますが，1970年以降は，電力設備から発生する電界が人に与える影響の研究が世界中で進められました。周波数50Hzまたは60Hzで1-100kV/mという比較的弱い電界から強い電界までを用いた数多くの研究がなされました。実験の対象には，ミツバチ，ハト，マウス，ラット，ハムスター，イヌ，ネコ，サル，ヒヒなど多くの種類の動物が選ばれています。実験に選ばれた動物の活動，反応時間などへの電界の影響は，中枢神経系に対する影響と考えることができます。動物による実験では，実験動物と人との相似性を明らかにしないと，実験動物で得られた結果を人に当てはめることは難しくなります。この点を考慮して，人と体型が似ている霊長類であるヒヒを使った実験がアメリカ，テキサス州サンアントニオにあるサウスウエスト研究所で実施されました。それによりヒヒは，人が感知するのとほぼ同じ強度の電界を感知すること，60Hz，最大で65kV/mの電界は慣れること，オペラント行動・社会的行動などで電界ばく露によってみられる行動変化は一過性のものであることなどが，明らかになっています[21]。

◆ 参考文献
1) 宇宙天気情報センター：http://swc.nict.go.jp/contents/index.php（平成25年3月29日）
2) 坪井昭・堀内進：「磁気嵐と電力系統」，『電気学会雑誌』，108巻，233-236頁，1988年。

3）Miller SL: A production of amino acids under possible primitive earth conditions. Science, 117 (3046), pp.528-529, 1953.
4）桜井邦朋：『地球環境をつくる太陽』，20頁，地人選書，1990年．
5）黒田和夫：『17億年前の原子炉』，ブルーバックス 720, 講談社，1988年．
6）König HL: Unsichtbare Umwelt, 5.Auflage, 1986.
7）Schumann WO: Über die strahlungslosen Eigenschwingungen einer leitenden Kugel, Die von einer Luftschicht und einer Ionosphärenhülle umgeben ist. Z Naturforsch 7a, pp.149-154, 1952.
8）Schlegel K, Füllekrug M: Weltweite Ortung von Blitzen: 50 Jahre Schumann Resonance.Physiks in unserer Zeit 33 (6), pp.256-261, 2002.
9）岩波書店：『理化学辞典』，第5版，1998年．
10）NASA: http://earthobservatory.nasa.gov/（平成25年3月29日確認）
11）König HL, Ankermüller F: Über den Einfluß besonders nieder-frequenter elektrischer Vorgänge in der Atmosphäre auf den Menschen. Die Naturwissenschaften 21, pp.486-490, 1960.
12）Reiter R: Neuere Untersuchungen zum Problem der Wetterabhängigkeit des Menschen, ausgeführt unter Verewendung biometeorologischer Indikatoren. Archiv für Meteorologie, Geophysik und Bioklimatologie, Serie B, 4 (3), pp.327-377, 1953.
13）König HL: Behavioural Changes in Human Subjects associated with ELF Electric Fields. M.A.Persinger (ed) ELF and VLF electromagnetic field effects. pp.81-99, 1974.
14）ペレツ・ラヴィー：『20章でさぐる睡眠の不思議』，63頁，大平祐司訳，朝日選書594, 朝日新聞社，1998年．
15）Wever RA: The circadian system of man- results of experiments under temporal isolation. p.12, p.48, Springer-verlag, 1979.
16）Wever RA: Human circadian rhythms under the influence of weak electric fields and the different aspects of these studies. Int J Biometeor 17 (3), pp.227-232, 1973.
17）Lintzen T, Böse G, Müller M, Eichmeier J, Ruhenstroth-Bauer G: The stability of the circadian rhythm of green finches (Carduelis chloris) under the influence of a weak electrical field. J Biological Rhythms, 4, pp.371-376, 1989.
18）Engelman W, Hellrung W, Johnson A: Circadian locomotor activity of Musca flies: recording method and effects of 10Hz square-wave electric fields. Bioelectromagnetics, 17, pp.100-110, 1996.
19）Lang S: Stoffwechselphysiologische Auswirkungen der Faradayschen Abschirmung und eines künstlichen luftelektrischen Feldes der Frequenz 10Hz auf weißer Mäuse, Arch. Met. Geoph. Biokl. Ser B20, pp.109-122, 1972
20）Altman G, Lang S: Die Revieraufteilung bei weißen Mäusen unter natürlichen Bedingungen, im Faraday'schen Raum und in künstlichen luftelektrischen Feldbereichen. Z. Tierpsychol 34, pp.337-344, 1974
21）Orr JL, Rogers WR, Smith HD: Detection thresholds for 60 Hz electric fields by nonhuman primates. Bioelectromagnetics, 4 (supplement 3), pp.23-34, 1995.

コラム 3
クーロン

　電荷の単位としてお馴染みのクーロンは人の名前にちなんでいます。クーロンが行なった研究は，電磁気学と力学で，今日「クーロンの法則」(逆二乗則)に名前を残しています。学校で電磁気学を習うときに最初に学ぶのがこの法則です。「クーロンの法則」とは「ある距離を隔てた点電荷(または点磁荷)には距離の二乗に反比例する力が働く。電荷(または磁荷)が同符号では斥力，異符号では引力となる」です。

　「クーロンの法則」を見いだしたシャルル・アウグストウス・ド・クーロン(Charles Augustin de Coulomb, 1736-1806)は，フランス，ボルドーにほど近いアングレーム(Angouléme)に生まれました。同じ1736年には，ジェームス・ワット(James Watt, 1736-1819)がスコットランドに生まれ，電力の単位に名前を残しています。

　クーロンは家族と一緒にパリに移住し，パリの名門校で教育を受け，メジエール兵学校を卒業しました。技術将校として西インド諸島に派遣されましたが，風土病にかかり，帰国を余儀なくされています。その後，工兵将校としてフランス・ブルターニュ地方の運河の掘削，地質調査などに参画しました。このように最初は土木技師として認められて，電気に関する研究は40歳になってから始めたということです。「クーロンの法則」は49歳から52歳の1785年から1788年にかけて見いだされています。しかし，クーロンが発見したとされる逆二乗則は，1770年頃に，イギリスのキャベンディッシュが実験的に発見していたともいわれています。クーロン最大の功績は，1777年に捩り秤を発明し，これを用いて逆二乗則を見いだし精密な測定を行ない，それまでの電磁気学の定性的な議論を定量的な議論へともたらしたことです。電磁気学はクーロンの法則が見いだされる前は，摩擦電気やライデン瓶で見られるような定性的なものでした。

　1781年クーロンはパリに移りますが，1789年のフランス革命により公的な職を辞し，ブロアの別荘での隠居生活に入りました。しかし革命政府はクーロンをほっておかず，度量衡の制定のためにパリに呼び戻しています。クーロンは，「質量保存の法則」をみつけた化学者ラボアジェや著名な数学者ラグランジェ(Joseph-Louis Lagrange, 1736-1813)らと一緒に度量衡制定作業に参画しました。1794年にパリ大学総長，1801年にフランス学士院会長に就任したあと，1806年に生涯を終えています。

　1806年は日本では文化3年にあたり，浮世絵師の喜多川歌麿(宝暦3年?－文化3年, 1753-1806)が亡くなり，2年後の文化5年には間宮林蔵(安永9年－天保15年,

1780-1844) が樺太を探検しています。

　電荷の単位である「クーロン〔C〕」は，1908年に万国電気単位会議によって決議された国際単位です。

クーロン

第4章

植物と電磁波

　これまでの章と少し話題を変えます。2000年前にプルタルコスが書いた『食卓歓談集』に，「雷が鳴るときのこが良く育つ」と紹介されているなど，古くから雷と植物の不思議が伝えられています。歴史的には18世紀以降，大気中の電気現象を植物の生育に応用しようとする試みがなされました。19世紀に入り空中電気の発見により生物を対象とした研究が飛躍的に発展していきます。また人工的に電磁波を発生させることができるようになってからは，さらに研究が進められました。近年は，電磁波が生態に及ぼす影響も取り上げられています。このような歴史的な経過を交えながら，電気刺激による植物への効果について見ていきます。

4.1　電気刺激

　平成10年（1998年）10月に打ち上げられたスペースシャトル・ディスカバリー号で，世界で初めて微小重力環境でシロイヌナズナ，マメ，トウモロコシなどの植物の根に電界を加えたときの生長を明らかにする実験が，日本の宇宙飛行士によって行なわれました[1]。この実験で，宇宙のような微小重力環境中では植物の根の伸長率は50％，電界に対する感受性は3倍以上に増大したという結果が得られました。これにより，地上では重力に相関して根の内外に電界（定常的な膜電位）が形成されるが，宇宙空間では根の先端に近い若い細胞群（初期伸張域，Distal Elongation Zone, DEZ）の伸張が抑制され，微小重力の宇宙では電界に依存するこの系の活性がなくなったためDEZの伸張抑制が解除されるとともに電界への感受性が異常に高くなっていたと推測されました。

日本の童話の世界でも植物の生育が取り上げられています。宮沢賢治（1896-1933）のよく知られた童話に『グスコーブドリの伝記』があります。全集ではこの童話の先駆形として『グスコンブドリの伝記』が紹介されています[2]。そのため，『グスコンブドリの伝記』は，『グスコーブドリの伝記』の原型といわれています。主人公のグスコンブドリは，イーハトーヴの森で木こりの息子として生まれ，いろいろ苦労の末，火山局の技師となります。グスコンブドリは火山の噴火被害を低減したり，人工的に雷を起こし空気中の窒素の固定を行なって人工的な施肥を実現したりします。全集から引用してみますと，

　　（前略）ブドリはぼたんを押しました。見る見るさっきのけむりの網は美しい桃いろや青や紫にパッパッと目もさめるかのようにかゞやきながら点いたり消えたりしました。フウフィーボー大博士はまるでこどものように喜んで手を叩きました。
　　「もう硝酸が見えてるそうだ。」ペンネン技師は，また受話器をはなれて云ひました。「来年からは加理の粉も描くとしよう。」（中略）
　　暁方近くなっていくつかあの網の目はぼんやり消えてしまひ，はじめはぶつぶつ呟くやうにしか聞こえなかった雷がだんだん烈しくなって来ますとフウフィーボー大博士はブドリに放電を止めさせました。
　　こんな工合にしてイーハトーヴのその年のオリザの株はいままで7年の間に見たこともないほどよくなり秋には稔りも非常によくてあっちからもこっちからも礼状が沢山着きました。（後略）

　この引用部分は，「雷が鳴るとキノコが良く育つ」という言い伝えのよりどころとなりそうな内容で，放電によって大気中に硝酸アンモニア・硝酸塩の雨を生成させ，それを植物へ施肥したことが表現されています。物語は，雲の中に光る大きな網がかけられており，そこに電気を流し，（放電は）「美しい桃いろや青や紫にパッパッと目もさめるかのようにかゞやきながら点いたり消えたり」と，硝酸アンモニア・硝酸塩をつくり，作物にとって必要な肥料入りの雨を降らすことができたという，科学的な描写がなされています。
　一方，平成21年（2009年）10月26日の朝日新聞の夕刊に「高電圧の電気

刺激効果によりキノコが増える」という目を引く記事が掲載されていました．記事には，岩手大学の研究者が行なったキノコに高電圧をかけた実験について書かれています．シイタケ菌を植えこんだホダ木に，キノコ発生時期の2週間前から1カ月前に，5万〜10万Vの電圧を1万分の1秒ほどかけると，ホダ木あたりの収量は電圧をかけていない場合に比べて最大で約2.2倍となります．ナメコで1.8倍，クリタケで1.6倍，ハタケシメジで1.3倍という結果でした．この研究は，雷が落ちた所ではキノコが増えるという言い伝えを実験的に調べることを目的としていました．その後，朝日新聞の夕刊記事を読んだエッセイストの坂崎重盛は，同年10月31日付の毎日新聞の夕刊コラム「まだ宵のくち(80)」で，2000年前に書かれたプルタルコスの『食卓歓談集』に「松露(トリュフ)というきのこは雷が鳴ると生えると言われているのはなぜか」と記載されていることを紹介しています．

　柳沼重剛が訳したプルタルコス（Plutarchus, 46?-127?）著の『食卓歓談集』には「松露(しょうろ)というきのこは雷が鳴ると生える，また眠っている人には雷が落ちない，と言われるのはなぜか」と雷の不思議の記述があります[3]．このように，言い伝えは2000年前にあり，いまに始まったことではないようです．

　雷とキノコの関係は，平成21年11月15日夕方のテレビ朝日で放映された番組「ウチゴハン」のなかでも紹介されていました．両親と子供二人の擬似家族がゲストと会話を楽しみ，賑やかに料理をつくる番組です．その回では，キノコを使ったパスタ料理を取り上げており，父親役がシイタケに高電圧を加えるとよく生育することを雷と結びつけて紹介していました．マツタケをはじめとしてキノコが生えることに人は神秘性を感じるのでしょうか．

　歴史を振り返ると，空中電気の発見以降，雷などの電気現象と生物との関係について多くの研究が行なわれました．空中電気は，雷や嵐の悪天候のときだけではなく，静穏な晴天時でもつねに存在しますから，地球上のすべての生物はその誕生以来，十数億年にわたって地球電界や空気中のイオンの影響を受けてきたことになります（図4.1）．

　1770年にイタリアのガルディーニ（Francesco Gardini, 1740-1816）は，空中電気の植物への生育への効果を観察しています．トリノの修道院の庭にワイヤー線を張って，その下の植物を観察すると多くが枯れはじめ，ワイヤー線を

図 4.1　雷（ドイツ切手、2009 年）

取り外すと植物は生気を取りもどすと報告しています。また1845年に，イギリスのソリー（Edward Solly）が同じような実験を行なっています。これらの実験では，自然電気現象，直流の電気現象が対象となっています。

　また第2章で紹介したフランスの修道院長ノレは，1747年に植物を電気のなかで生育すると植物の蒸散が早まることを観察しています。ノレが行なった実験の様子を図4.2に示します。実験に際してノレは空中電気を一箇所に集めるようにしています[4]。中央の机の上に置いてあるのが電気を加えていない対照群です。紐にぶら下がっているのが電気を加えて帯電させた刺激群で，金属製のコンテナにアブラナ科の種子を入れ，電気刺激を加えています。ノレは，さまざまな動物や植物を数十分から数時間にわたって，電気刺激，帯電させると電気の刺激を加えていない対照群と比べて早く重さが減少すること，帯電した種子は早く発芽し茎も長くなったと報告しています。図4.2では，ネコを用いて電気刺激の実験を行なっているのも見えます。

　ノレは，ネコをケージの内に入れ，ネコに電気を加えて電気を加えていないネコと体重の違いを比較しています。ネコのほかに，小鳥，また人にまで電気を加えた実験を行なっています。人についての結果は不明ですが，すべて体重の低下が観察されると述べています。ノレは，このような観察結果の理由として，生物体を毛細管の集合体と見なし電気を加えることで，帯電した毛細管を通した水分の排出が早まるからとしています。すなわち，代謝が早くなり集合体が軽くなると考えました。しかし，今日から見ると，金属のケージのなかにネコを入れた実験ではファラデー遮蔽とよばれる電気に対する遮蔽効果がある

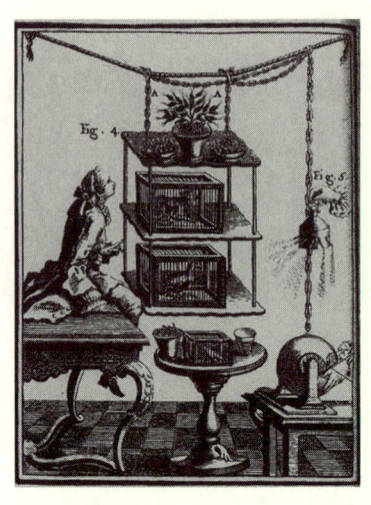

図 4.2　ノレ師の動物・植物への電気刺激実験[4]

と考えられ，果たしてネコに十分な電気がかかっているかどうかについては定かでないといえます。

　フランス，モンペリエ（Montpellier）の物理学者であるベルトロン神父（Pierre Bertholon de Saint-Lazare, 1741-1800）も，電気による数多くの実験を行なっています。彼の行なった実験の多くは，植物，地球科学，人の疾病を対象にしています。たとえば植物を対象にした場合，空気中の大気電気が植物の発芽，生長，開花，収穫に影響するというのが，彼の理論的背景です。ベルトロンは，雷の発生頻度記録と植物の生長に相関があると述べています。その相関を明らかにするには，帯電した雨水と植物の生長促進との関係を調べる実験が必要であると考えられます。今日，私たちは雨水には雷によって生成された硝酸塩が含まれることを知っています。これが，植物の生長を促進させるのではないかと考えられています。空中電気を集めるのにベルトロンはエレクトロベジトメータ（Electro-vegetometer）なるものを組み立てました。これは，木柱マストをアンテナとして剣山のような先の尖った多数の針を導体としてつないだものです。ベルトロンはこれを用いることによって電気を集めることができ，植物の収量・品質が改善されるとしました。

　ベルトロンは電気マシンから電荷を植物に加える方式を発明し，図4.3に示

すような実験を行なっています[5]。これは農夫が絶縁された四角いカートに乗って移動しながら帯電された水（Electrified water）をジョウロで撒き，野菜を生育させている様子です。また，小さな絶縁カート上で，手に大きな金属の鉄砲状の筒を持ち野菜に帯電水を与える方式も発明しています。ベルトロンは，生育以外に殺虫効果などにも電気が利用できると考えていました。なお，ベルトロンは人の病気に対する電気の作用についての研究も行なっており，今日の電気を用いた療法 ─ Electrotherapy ─ の先駆者ともいえます。ベルトロンは，雷が来そうなときや天気が変化するときに人が感じる症状を，マイナスの電気を用いて説明しようと試みています。また，この考え方はガルバーニの研究に影響を与えたとされています。

図 4.3　ベルトロン神父発明のエレクトロベジトメータ[5]

その後，フィンランド，ヘルシンキ大学教授のレムストレーム（Karl Selim Lemström, 1838-1904）が，空中電気が植物の生長を促進する効果を観察するための研究を進めました[6]。レムストレームは，北極に近いスピッツベルゲンやラップランドに，1868年から1884年にかけてしばしば旅行に出かけました。ここで，植物の生育は日が長いことによるのではなくて他の要因があるのでは

ないかと考えました。その要因をオーロラがもたらす大気と地球とのあいだに流れる電流によるものと考えました。レムストレームが行なった実験の一例として，突針つきの鋼鉄ワイヤーを正（プラス）の電極とした架空線の下で栽培した植物のうち，オオムギ35％，ジャガイモ76％，ダイコン60％の増収を得たと報告しているものがあります。また，ニンジン，イチゴ，キャベツ，エンドウなども試みています。一方，鋼鉄ワイヤーを負（マイナス）にすると20％ほど減少したと報告しています。実験によって条件が異なってきますが，加える電圧は2-70kV，電流は11A程度です。また，このような結果から，レムストレームは電界を加える最適な時間として早朝4時間，夕方4時間を提案しています。しかし，曇りの日，夜間湿気がある場合には終日加えるとしています。

このような実験結果を詳しく述べた『Elektrokultur』（電気栽培）が1902年に出版され，2年後の1904年には『Electricity in Agriculture and Hortculture』（農業と園芸における電気）として英文に翻訳出版されました。レムストレームが著わした『電気栽培』は，植物の研究者よりも電気関係の研究者により強く興味をもたれ，今日では花卉・園芸関係よりも電気関係の言葉として頻繁に用いられているようです。

空中電気，直流電界が植物へ与える影響についての研究は，1960年以降も進められました。アメリカ，ペンシルバニア大学のマー博士（Larry Murr）は，電気的な条件を人為的に変えられる設備をつくり，植物の生長に対する効果を調べました[7]。マーは，植物体の上部に設けたアルミ板の電極にさまざまな強さの電界を加え，植物の生育実験を行ないました。その結果，植物の生育への効果は，電界の一定の強度以下で現われ，一定以上の強度になると生育へのプラスの効果よりも生育を阻害することを指摘しました。その効果の程度は植物体に流れる電流の大きさを指標とすることで，理解できるとしました。マーは，電気を加えた状態で植物体に流れる電流が10^{-5}A以上では葉に破壊が生じ，10^{-6}-10^{-8}Aでは葉に障害がみられ乾物量が減少するなどのマイナスの作用，10^{-9}-10^{-15}Aでは生長が促進し，植物体の幹物量が増加するなどのプラスの作用，10^{-16}Aでは何も効果はないとする報告をしています。また，この結果から，マーは「致死電気屈極性」（Lethal Electrotropism）という概念を提唱しています。

本節のはじめに述べた，高電圧をかけてキノコの生育が活性化されるかどうかについては，すでに20年以上前に秋田大学の研究者によって実験が行なわれています[8]。その結果，ホダ木へ高電圧の電気刺激を行なうことによりシイタケの増収を導き出すことができるといった結論が得られ，実用化の研究が進められたことを追記しておきます。

4.2　収穫・生長促進

　空中電気の発見以降，自然の電気現象による樹木の生長や植物の収穫量の増加を意図した研究が進められました。とくに，ライデン瓶の発明により電気を人工的にかつ安定してつくれるようになったことから，多くの研究者が自然の電気現象を人工的に模擬した環境をつくり出し，樹木，植物への影響についての研究を行ないました。とくにレムストレームが行なった空中に配した架空線に電気を加えて線下の作物の収量を増加させる研究は，「Electroculture」（電気栽培）として多くの研究者から注目されました。
　日本では東京帝国大学教授の澁澤元治（1876-1975）がレムストレームの研究に興味をもち，1921年から9年間にわたり，電気の植物への生長について

図 4.4　植物生長実験の状況[10]

の実験研究を行ないました。その実験の結果の一部を，澁澤は東京帝国大学教授の柴田桂太（1877-1949）との連名で1927年電氣学会誌に「植物の生長に對する電氣の影響に關する研究」という表題の論文として発表しました[9]。論文の内容は，植物の生長に対して電気すなわち高圧交流，高圧直流，高圧高周波電流を加えたときの影響を調べた基礎的な実験結果を示したものです。植物の生長実験の様子を図4.4に示します[10]。

　実験は，植物の上15-30cmに配した細銅線網に高電圧を加え，植物体にイオンまたは誘導作用による微小電流を流すもの。トウモロコシ，ソバ，エンドウ，コムギ，ゴボウ，ダイズおよびタバコを用い，茎，葉全体の乾物量を比較しました。結果は次のとおりです[9]。

- 交流50Hz，21kVを加えた場合，トウモロコシ，ソバ，エンドウ，コムギでは生長が促進され，特にソバでは8-8.9％ほどの増長が見られた。
- 直流電圧，－（マイナス）10-15kVを加えた場合，タバコについては当初，増長は見られないが，最終的には21.7％の増長が見られた。この実験では，電圧を一定に保つ，あるいは植物体内の電流を一定に保つために電圧を変化している。
- 高周波電圧130kHz，13kVを加えた場合，ソバに12.5％の増長が見られた。
- さらに一定温度の暗箱中で，突針に130kHzの高周波，500Vの直流を加え，イオンによる影響を調べた。突針下においたエンバク（幼芽）の子葉鞘の伸長の増加が観察されたが，その原因は明らかでない。

　澁澤らはこのような実験結果を発表したあと，引き続き圃場での実験を行ないました。比較的小規模な温室および圃場を利用した9年間にわたる研究から，澁澤は植物の生長に対する電気の影響について，自著『電界随想』において以下のように回顧しています[11]。

- 植物は電気（高圧電流，高圧交流，高周波電流）の刺激によりある程度の増長をする。（但し葉，茎の生長のみについての試験）

- レムストレーム教授の書にあるような多大の増収を得ることは極めて疑わしい。
- 温室内の実験は温度を調節することにより一年中数多の実験をくり返し得て促進することが出来ると予想したのであったが，夏期は温度が余りに昇つて害がある。冬期は植物生活の自然の法則に反するので温度だけ昇しても結果が不安定となる。又温室内では実験に用うる植物の株数に制限があり各個の偏差による誤差が大きい。等の理由で余り多くの実験を期待することが出来なかった。
- 生物は一般に個性による差が大きいから，実験室又は小なる圃場における実験結果を以てこれを広い農場の場合へ一般的に類推して断言することは大なる誤りを生ずる。

さらに，「終りに一言する。余の行つた実験結果は，実際農場に応用して経済的であるかは極めて疑わしいが，植物生理に電気がある影響を与えることは確かである。よつてこれがためこの種の研究意欲を阻害することなく，更に条件を改め最新電子工学を応用して研究を試みられる有志の現われんこと。」と述べています。

　澁澤は，幕末から大正の初めにかけて活躍した実業家澁澤栄一（天保11年－昭和6年，1840-1931）の甥にあたります。1921年，澁澤はパリで開催された第1回国際大電力システム会議（International Council on Large Electric Systems, CIGRE）に主席代表として参加し，同時にパリのソルボンヌ大学で開かれたアンペールによる「アンペールの法則」の発見100年記念式に列席しています。また，澁澤は電気保安行政の礎を築いたことで1955年に文化功労者になり，1956年には文化功労者として表彰されたことを記念して「澁澤賞」が制定されました。以来，今日まで電気保安について顕緒な功績があった者が「澁澤賞」として表彰されています。澁澤は，東京帝国大学教授を務めたあと，名古屋帝国大学（現名古屋大学）の初代総長を務めました。

　澁澤らが行なった植物の生長に対する電気刺激の実験はあまり顧みられることはありませんでしたが，1970年代の後半から改めて研究が行なわれるようになってきました。そのきっかけは，電力需要の増加に伴い，高電圧の架空送

電線が計画され送電線を含め電力設備の環境問題が取りざたされたことです。たとえば，1970年代のアメリカでは，ニューヨーク州の送電線建設に対する反対運動をはじめとする，いくつかの州で反対運動がありました。反対運動では送電線の電気的な環境が周辺の生態系，農作物，放牧家畜や樹木などへどのように影響を与えるのかを研究する必要性が叫ばれました。

このような環境問題として研究が進められていくなかで，電気工学的に興味がもたれる現象もいくつか観察されました。そのひとつとして，高電界にさらされた植物の先端，葉先からはコロナ放電が生じ，そのコロナ放電によって生じる植物の損傷の程度と，損傷がみられる電界の強さが植物の形状や葉先の様子によって異なることが明らかになりました[12]。サボテンのように鋭く尖った形状をした植物では，比較的低い電界の強さでコロナ放電が生じること，一方，肉厚な植物では電界がかなりの強さになるまでコロナ放電が生ぜず，葉先の損傷がみられないことが報告されました。

電界の有効利用の面から，日本大学工学部名誉教授の浅川勇吉は「電界を加えることで水の蒸発が促進され，取り除くと蒸発が遅延する」という現象を，1970年代半ばに科学雑誌『Nature』に発表しました[13]。イギリス放送協会（BBC）がこの現象をテレビで放映するにあたり浅川効果とよんでいました。それ以来，発見者の名前にちなんで，「浅川効果」とよばれています[14-16]。水の蒸発を促進する現象は，交流および直流十数kVの高電圧を針状の電極に加えて，コロナ放電で生じたイオン風による強制対流によるものと考えられます。簡単なモデル実験でこの現象は確認できますが，この効果は野菜・穀物類の腐敗防止，食品の保存・乾燥に応用でき，省エネルギー技術の開発が可能であると述べられています。

また，澁澤らが意図した電気がもたらす植物の生育へのプラスの効果，増収を意図した研究も見直されました[17]。1966年にアメリカ，ペンシルベニア州立大学のマーは，人工気象室の中で電界を加える装置をつくり，植物への電界の効果を調べる研究を行ないました[18]。さらに，カリフォルニア大学教授のクルーガー（Albert Paul Krueger, 1902-1982）は，負の空気イオンが植物や動物へ与える効果について，1960年代後半から1980年代にかけて25年以上にわたって研究を行ないました[19]。彼の研究室では，コロナ放電によってグ

リーンハウス内の空気を負にイオン化し，直流の電界を発生させる複合的な環境をつくり，空気イオンと直流電界へ同時ばく露することで植物の生育への効果を明らかにする試みがなされました[20]。結果には，生育へのプラスの効果が観察されています。その後も，電気を物理的な刺激として，植物の生育を促進する実験が繰り返されました。その後，断続的に国内外の研究機関で空気イオンの生育への効果を調べる研究が行なわれていますが，クルーガーらが示したような明確な結果は観察されていないのではないでしょうか。

　電気刺激による植物の生長への効果については，多くの方々が興味をもたれるようであります。植物に電気を加える実験は，ライデン瓶を用いた実験で見られるように古くからなされ，長い歴史があります。最近，人工光を用いた植物工場で農薬を用いない野菜の生産が注目をあびています。人工光を用いた植物の生産に対して，電気刺激を光刺激の補助手段として用い，植物の生長促進効果を狙った植物の栽培も考えられ，これからも植物への電気刺激は注目されるのではないでしょうか。

　電気を用いて植物の生育をコントロールできないかというテーマは，時代を超えて多くの研究者や技術者を引きつける磁石のような魅力があると思われます。

◆ 参考文献
1) 宇宙航空研究開発機構：
  http://idb.exst.jaxa.jp/jdata/03144/200103J03144000/200103J03144000.htm
  （平成25年4月17日確認）
2) 宮沢賢治：『新修宮沢賢治全集』，第13巻，376頁，筑摩書房，1982年。
3) プルタルコス：『食卓歓談集』，117-125頁，柳沼重剛訳，岩波文庫，1987年。
4) Benjamin, P: History of Electricity, p.529, John Wiley & Sons, 1898.
5) Bertholon, P: De L'ÉLECTRICITÉ des végétaux. pl.2, Lyons. 1783.
6) Lemström, SK: Electricity in agriculture and hortculture, BiblioBazaar, 1904.
7) Murr, LE: Plant growth response in an electrokinetic field, Nature, pp.1177-1178, 1969.
8) 吉村昇・高橋繁喜・高橋重雄：「シイタケ子実体の発生に及ぼす電気刺激の影響」『静電気学会誌』，第11巻，44-46頁，1987年。
9) 澁澤元治・柴田桂太：「植物の生長に對する電氣の影響に関する研究」『電氣学会雑誌』，第47巻，1259-1300頁，1927年。
10) 澁澤元治：『電界随想』，209頁，コロナ社，1963年。
11) 澁澤元治：『電界随想』，214-215頁，コロナ社，1963年。
12) Johnson JG, Poznaniak DT, McKee GW: Prediction of damage severity on plants

due to 60-Hz high-intensity electric fields. Biological Effects of Extremely Low Frequency Electromagnetic Fields. Phillips RD, et al (eds), pp.172-183, Technical Information Center US-DOE (CONF-781016), 1979.

13) Asakawa Y: Promotion and retardation of heat transfer by electric fields. Nature, 261, pp.220-221, 1976.

14) 浅川勇吉：「食品類を保存する省エネ技術」『科学朝日』，第7号，78-82頁，1984年。

15) 「電場で作物の発芽を制御できる！―続「浅川効果」」『科学朝日』，第8号，118-122頁，1985年。

16) 「電場は化学反応を促進する」『科学朝日』，第5号，80-85頁，1986年。

17) 重光司・菅沼浩敏：「電界の植物への効果」『静電気学会誌』，第11巻，431-436頁，1987年。

18) Murr LE: The biophysics of plant growth in a reversed electrostatic field: a comparison with conventional electrostatic and electrokinetic field growth responses, Int J Biometeorology, 10, pp.135-146, 1966.

19) Kotaka S, Krueger AP, Andrises PC: Air ion effects on the oxygen consumption of barley seedlings, Nature, 203, pp.1112-1113, 1965.

20) Yamaguchi FM: Electroculture of tomato plants in a commercial hydroponics greenhouse, J Biological Physics, 11, pp.5-10, 1983.

コラム 4
アンペール

　電流の単位としてお馴染みのアンペールについてのお話をご紹介します。電気事業者にとって有名な国際大電力システム会議（CIGRE）の第1回会議がフランスのパリで開催された1921年に，「アンペールの法則」の誕生100年記念式典もパリ，ソルボンヌ大学でフランス大統領列席のもとで開催されています。同記念式典には，わが国から第1回CIGRE会議に参加した澁澤元冶が列席しています。発見100年後に記念式典が催されるほど有名な「アンペールの法則」は，電磁気学にとって電流と磁気との関係を表わす重要なものです。

　アンペール（André Marie Ampére, 1775-1836）はフランス，リオン（Lyon）近郊の町で，裕福な家庭に生まれています。小さいときから数学の素養があり，18歳のときにはその時代の数学について完全にマスターしていたとの話が伝わっています。父親は裁判所の判事をしておりフランス革命に対する反逆罪で処刑されるという不幸にあっていますが，アンペールは1809年，パリのエコール・ポリテクニークの数学教授になり，同時にフランスのアカデミー会員に選ばれています。

　1821年に発表された「アンペールの法則」は，電流の周りに生じる磁界について述べており，翌年の1822年には，平行に並べた2本の導線に電流を流したときの力について数学的な記述を導きました。

　アンペールが法則を見いだすに先立ち，1820年にデンマークのエルステッド（Hans Christian Ørsted, 1777-1851）は電線に電流を流すと近くにおいていた磁針が動くことを発見しました。これは電流と磁気が互いに関係することを示しており，このエルステッドの実験を基にして「アンペールの法則」が導き出されています。

　その後，ビオ（Jean Baptiste Biot, 1774-1862）とサバール（Félix Savart, 1791-1841）が，電流が流れる導線を微小な断面に分割して，微小な断面に流れる電流がつくり出す微小な磁界についての「ビオ・サバールの法則」を導き出しています。電流がつくり出す磁界は，微小電流による微小磁界の積分和で得られることを一般化した法則です。

　電流の単位であるアンペア（A）は，アンペールにちなんで命名されており，1908年に万国電気単位会議によって決議された国際単位です。

　アンペールが亡くなった1836年は，日本では薩摩藩島津家の一門に篤姫（のちの天璋院）が，また海援隊で有名な坂本龍馬（天保6年－慶応3年，1836-1867）が生

まれています。電気学会初代会長を務めた榎本武揚（天保7年－明治41年，1836-1908）もこの年に生を受けています。

アンペール
（Benjamin P: History of electricity, John Wiley & Sons, 1898.）

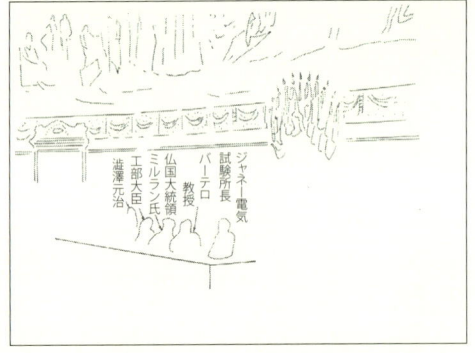

「アンペールの法則」百年祭
（澁澤元治：電界随想，253頁，コロナ社，1963年）

エルステッド
（Verschuur GL: Hidden attraction – the history and mystery of magnetism. p.56, Oxford university press, 1993.）

第5章

診断とホルモン

5.1 ノーベル生理学・医学賞

　2011年は，オランダ，ライデン大学教授の物理学者カマリング・オネス（Heike Kamerlingh Onnes, 1853-1926）によって超伝導現象が発見されてから，ちょうど100年でした。オネスは純粋な水銀を液体ヘリウムで冷却したときに，4.2Kで突然電気抵抗がゼロになる超伝導現象を発見しました。現在は，この超伝導が生じる温度を室温程度に上昇させること，その室温超伝導体を見つけ出すことが研究の大きな目標になっています。

　超伝導については1986年に，それまでの超伝導を起こす物質よりも，超伝導へ変わる転移温度が高い物質がLa-Ba-Cu-O系の酸化物で得られることが発見されました。それ以来数年間，高温超伝導体の探索フィーバーが続いたことはご存知の方が多いのではないでしょうか。高温超伝導体を発見したスイスチューリッヒIBM研究所のミューラー（Karl Alexander Müller）とドイツの物理学者ベトノルツ（Johannes Georg Bednorz）両博士には，発見の翌年の1987年に「セラミック物質における超伝導の発見」でノーベル物理学賞が授与されています。

　さて，これまで超伝導技術を科学的に応用した成功例はあまりなく，室温超伝導体の探索に研究の方向が向いているのが実情です。そのなかで最大の成功例は，超伝導磁石を用いた磁気共鳴画像イメージング（Magnetic Resonance Imaging, MRI）の医学応用ではないかと思われます。

　MRIは，核磁気共鳴現象（Nuclear Magnetic Resonance, NMR）による計

測，イメージングが基礎になっています。古く，NMRによる生体計測としては血流計測への応用の提案がなされています。NMRはある種の原子核を均一な磁界中に置いた場合，特定の周波数の電波エネルギーを選択的に吸収する現象です。NMRによるイメージングは，均一な静磁界，傾斜磁界（勾配磁界）ならびに電磁放射が必要であり，これらの組み合わせによっています。

NMR現象の理論は，第2次大戦が終了した直後の1946年に，ハーバード大学教授の原子核物理学者パーシェル（Edward Mills Purcell, 1912-1997）およびスタンフォード大学教授のブロッホ（Felix Bloch, 1905-1983）により組み立てられました。NMR現象は，強い磁界中に置かれた原子核がある特定の周波数の電磁波のエネルギーを選択的に吸収することです。パーシェルならびにブロッホは，水のプロトン（水素の原子核）のNMR信号の検出に成功し，1952年，両名にはノーベル物理学賞が授与されています。受賞理由は，「核磁気の精密な測定における新しい方法の開発とそれについての発見」です。

1973年，アメリカ，イリノイ大学教授のローターバー（Paul Christian Lauterbur, 1929-2007）はNMRによるイメージング作成方法を提案しました。ローターバーは試料に対して勾配した磁界，すなわち試料の一方に他方よりもさらに大きな静磁界をかけて，プロトンの歳差運動周波数が高くなるようにする方法を用いて画像生成法を開発しました[1]。また，1978年，イギリス，ノッティンガム大学教授のマンスフィールド（Peter Mansfield, 1933-）は，高速イメージング法としてエコー・プラナー・イメージングとスライスの選択についての方法を提案しました[2]。このような成果から，2003年度のノーベル生理学・医学賞はローターバーとマンスフィールドが「核磁気共鳴画像法の発見」で受賞しています。NMRを用いた画像診断法を，現在ではMRIとよんでいます。開発当初，画像診断技術はNMR-CT（MR-Computer Tomography, 核磁気共鳴-CT）として研究が進められましたが，なぜかMRI用語に置き換わりました。これは［N］が「核」(Nuclear) を意味していると取られたためではないでしょうか。

このMRIによる画像診断技術は，医用電子工学分野において1979年の「コンピュータ断層撮影の開発」に対するノーベル生理学・医学賞に次ぐ快挙といわれてます。1979年のノーベル賞はイギリス，EMIの電子技術者ハウンズフ

ィールド博士（Godfrey Newbold Hounsfield, 1919-2004）とアメリカ，タフツ大学教授のコーマック（Allan MacLeod Cormack, 1924-1998）が授与されています．

　ローターバーおよびマンスフィールドのNMRを用いた画像診断技術の研究に先立って，1970年代初頭，ニューヨーク州立大学に在職中のダマディアン（Raymond Vahan Damadian, 1936- ）は，生体組織内の水のプロトンのNMRのスピン－緩和時間，T_1の測定を行ない悪性腫瘍からなる組織のT_1は正常な組織より大きな値を示すことを報告しました[3]．この結果からダマディアンは，NMRによるT_1の違いを医学応用の断層撮影装置でイメージングとして表示することに着想し，1972年に特許出願しました．1977年には全身の撮像装置を試作し断層の撮影に成功し，1980年には永久磁石による商業的な撮像装置を完成させています．ダマディアンの試作した装置（MRI-full-body scanner）は，1980年代にスミソニアン博物館に寄付され，永久展示されているそうです（図5.1）[4]．ダマディアンはニューヨークに生まれ，最初，大学で数学を学び，その後ニューヨークにあるアルバート・アインシュタイン医学校で医学を学んでいます．またジュリアード音楽院でバイオリンを学ぶなど才能豊かな人です．

　2003年のノーベル生理学・医学賞にローターバーとマンスフィールドが決定した直後，ダマディアンが「自分にノーベル賞が来ないのには納得できない」

図5.1　ダマディアンとMRIの開発歴史をつくったプロトタイプのスキャナー[4]

として,「ワシントンポスト」,「ニューヨークタイムズ」のほか,「スウェーデンの新聞」に意見広告を出し,メディアを賑わせました。その一端が,『スミソニアンマガジン』誌にも書かれています[5]。ダマディアンは,1980年にMRIメーカ（Field Focused Nuclear Magnetic Resonance, FONAR）の社長として実業界に転出しましたが,ノーベル生理学・医学賞を受賞する権利はあると主張したのです。

またダマディアンやローターバー,マンスフィールドらがNMRを用いて画像をつくる方法を考えている時を同じくして,北海道大学・応用電気研究所（現電子科学研究所）教授の阿部善右衛門は,NMRを応用した生体の無侵襲計測,悪性腫瘍の検出法に焦点をおいて研究を進めていました[6]。とくに,ダマディアンが提案したNMRの緩和時間の違いによる悪性腫瘍の検出法に,非線形勾配磁場による磁場焦点法を無侵襲計測として適応すべき研究を進め,1973年にNMR画像を得る特許を申請しています。このような背景を考えると,2003年度のノーベル医学・生理学賞には,もし阿部がご存命であればノーベル賞の候補にノミネートされ,受賞されていたかもしれません。

2003年にノーベル生理学・医学賞となったMRIは第1世代のものといえます。その後,血液中のヘモグロビンとデオキシヘモグロビンによってプロトンのNMR信号が変化することを利用し,血液の変化によって脳機能を画像化した第2世代の機能的MRI（functional MRI, fMRI）が日本人の小川誠二博士によって提案されています[7]。この第2世代のMRIが将来ノーベル賞をもたらすことになるとしたら,そのときには,ダマディアンも,遅まきながら栄誉の一翼を担うことになるのかもしれません。

5.2 メラトニン仮説

1994年から1995年にかけて,メラトニンをサプリメントとして服用すると,睡眠が快適になり時差ぼけを防ぎ,老化を遅らせ,がんを防止し,免疫力がアップするとうたったすさまじいメラトニン・ブームがありました[8-11]。当時アメリカの空港のショップには,錠剤または粉末状のメラトニンの大小さまざまなボトルが山のように積まれていました。日本でも同様に騒がれ,メラトニン

の効用を取り上げた本が数多く出版されました。ブームのなかでうたわれていたメラトニンの効果は，科学的な根拠がないものではありませんが，都合のよい箇所のみが宣伝されていたような気がします。また，そのブームも自然と去りましたが，いまでもインターネットを見ると，サプリメントとしてのメラトニンの効用をうたったホームページが散見されます。

以前テレビ番組で，スイスのとある酪農家が日が昇る前に搾乳した牛乳を売り出したところ，売り上げが伸びたと紹介していました。これは，夜間搾乳した牛乳には睡眠を誘う成分が多く含まれているため，それを飲むと眠りが促され，寝起きが快適になると評判になったようです。その睡眠を誘う成分は，おそらくメラトニンのことを指しているのではないかと想像されます。

メラトニンは松果体または松果腺とよばれている組織から分泌されているホルモンです。円口類，爬虫類，魚類や両生類などの松果体の細胞は網膜の細胞に似ており，光受容器として明暗などの変化に反応して，電気的な活動が変化します。ほとんどの哺乳動物にも松果体は存在していますが，哺乳類の松果体では光を受容することはできません。人の松果体は，第三脳室の屋根の部分から突き出た松かさ状の小さな小器官で，長さが8mm，径が5mmほどで，重さが120-130mg程度であるといわれています。松果体は，眼球→視神経→視床下部→脊髄→頚部交感神経→松果体という経路で神経支配を受けています。このような解剖学的構成から，明暗の光情報をメラトニンとよばれるホルモン情報に変換します。メラトニンの分泌量は昼間に少なくなり，夜間に増大します。また，メラトニンは抗腫瘍作用，免疫機能を高めるなどの作用があるといわれていますが，このような特徴が明らかになったのは1940年以降です。

アレキサンドリア医学校を創設したとされるヘロフィロス（Herophilos, 紀元前335年－紀元前280年）は，脳の解剖学的なマップを作成し，脳が神経系の中枢であると述べています[12]。また450年後，ゲーレンが，松果体の構造は神経組織の構造と違っていることを観察し，松果体の詳細な描写を行なったとされています。松果体が内分泌器官であることがわかったのは最近のことのようであります。

フランス生まれの哲学者であるルネ・デカルトは松果体には重要な機能があると考えました。それは，脳での出来事と心で生じる意識をつなげる場 ― 感

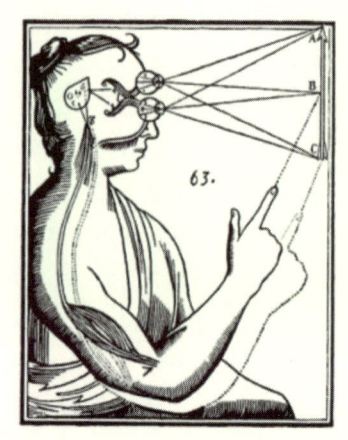

図 5.2 感覚作用と筋肉運動との連結[12]

覚作用と筋肉運動の連結 ― であると考え,"魂の座"とよびました（図5.2）。デカルトは，1597年に中部フランス，アンドレ・エ・ロワール県（Indre-et-Loire）に法律家の息子として生まれ，1650年にスウェーデンで客死しています。この間，オランダで思想家として経験を積み，多くの著作を著わしています[13]。有名なのが「我思う，ゆえに我あり」と自己（精神）の存在を示した「方法序説」です。

　話題を少し変えます。1600年にギルバートが『磁石論』を著わし地球の磁石の説明を試みたことはすでに第1章で述べましたが，同時代のデカルトも同じように地球のもつ磁石についての説明を試みています[12]。デカルトは，全宇宙は微細な物質の渦状の運動からなるとして，地球上の現象を渦動論によって説明しています。図5.3は，この渦動論に基づいたデカルトによる磁力の説明です。同図上の真ん中の大きな円（A，B，C，D）は地球であり，周りのI，K，L，M，Nは磁石を意味しています。デカルトは磁力を流体と仮定して，その流体をネジ状（Vortex）粒子の流れと考え，2種のネジ状の粒子が極Aから極Bへ逆に極Bから極Aへと地球を貫いて流れ，地球の内と外を循環して地球の磁力が生じるとしました。K，L，Mのように磁石が南北を向いていないとき，これらのネジ状粒子の動きによって伏角を説明しています。

　哲学では，デカルトは精神の場としての松果体を考えましたが，松果体の機

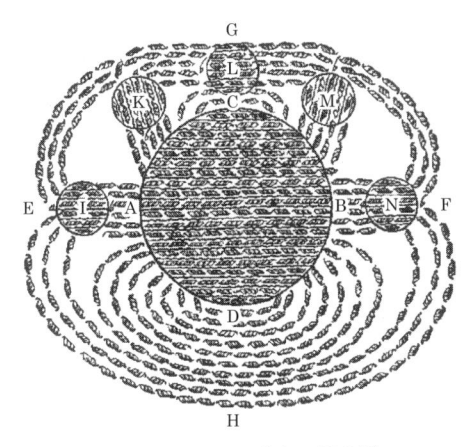

図 5.3 渦による磁力の説明[12]

能については長いあいだ不明でした。とくに、松果体と生殖機能との関連を最初に示されたのは19世紀の後半頃で、松果体腫瘍をもつ小児の性的な成熟を見て、青春期前の性腺機能に対して松果体が抑制的に働いている可能性が指摘されました。その後、1905年にチェコのブリュン大学教授のストゥドニチカ（František Studinička）が脊椎動物に光受容器が存在することを示し、松果体を見いだしましたが、その機能はよくわからないままでした。1943年には、松果体の内分泌機能が中枢神経系を介して光によって調節されることが見いだされました。このように、松果体の生理的な機能がわかってきたのは比較的最近のことです[13]。今日、松果体が多くの人に広く知られるようになったのは、松果体から分泌されるメラトニンのためではないでしょうか。

メラトニンは、1958年、アメリカ、イェール大学の皮膚科の教授レーナー（Aaron Bunsen Lerner, 1920-2007）によって牛の脳の松果体から抽出されました。最初、松果体からの抽出物質が皮膚の悪性腫瘍に効果があるのではないかと考えていたようです。これらの研究には、当時レーナー教授の研究室に留学していた高橋善矢太（のちの岐阜大学名誉教授）、ならびに森亘（のちの東大総長）が貢献しました。その後、人を含めて哺乳類、鳥類など数多くの動物にメラトニンが存在することがわかってきました。

メラトニンは光に敏感に反応することが知られていますが、電磁界にも応答

します。磁界が松果体に影響を与えることを最初に報告したのは，セム（Peter Semm）らです[14]。彼らはモルモットの脳の背面を露出させて松果体に微小電極を刺し込み活動電位を記録できるようにしました。ヘルムホルツコイルで50μTの磁界を加えて，活動電位の変化で見られるスパイク数の変化を調べました。その結果，地磁気の垂直成分を逆転させると，モルモットの松果体細胞の活動電位が顕著に減少することがわかりました。その後，ラットの松果体細胞の電気的な活動電位は，地磁気の水平成分を変化させることで影響を受けることが報告されました[15]。さらに，地磁気の水平成分を15分間逆転することにより，ラットのメラトニンの産出分泌が有意に低下することが明らかになりました[16]。また，ウレタン麻酔で盲目状にしたラットに磁界を加えるとメラトニン量が変化することがわかりました[17]。この場合，視神経が麻痺して網膜への刺激が松果体に伝わらないのではないかとされています。このように動物を用いた研究で，松果体の生理機能への電磁界の影響が明らかになっていきました。

メラトニンが注目を集めるきっかけとなったのは，アメリカ，ワシントン州リッチランドにあるバッテル研究所の報告です。同研究所の研究グループは，通常は昼間低下し夜間に増大するリズムをもっているメラトニンの分泌が，商用周波の電界にばく露されたラットでは夜間のメラトニン分泌が抑制されることを実験結果として発表しました[18]。

このような実験で得られた結果を参考にし，また先進国では多くの人々が夜遅くまで夜間の明るい照明のもとで過ごす時間が増えている事実に基づいて，1987年，バッテル研究所のスティーブンス（Richard G. Stevens，現コネチカット大学）はメラトニン仮説を唱えました。これはメラトニンと乳がんの関連性について多くの報告をレビューして，人が夜間に光を浴びることによって，夜間のメラトニン分泌が減少しその減少が女性ホルモンの上昇や免疫系に影響して，乳がんの発症を増加させているのではないかという仮説です[19]。

図5.4は気象衛星（Defense Meteorological Satellite Program，DMSP）によって得られた世界規模での夜景，夜間の電気の利用状態を示しています[20]。図では都市化が進んだ所が明るくなっています。地球レベルでは夜間の照明が北アメリカ，ヨーロッパ，日本などで目立っていることがわかります。このよ

うに，光照明，すなわち夜間の電気の使用に関連して，電気の使用で生じる磁界ばく露がメラトニン分泌に与える影響が注目されるようになりました。磁界に曝されることで夜間のメラトニン分泌が減少し，乳がんの発症が増加するのではないかというメラトニン仮説を検証する研究は，人，霊長類のヒヒ，ラットやマウスの実験動物，ヒツジやハムスターの季節繁殖性動物などを用いて，1980年代から1990年後半にかけて集中的に行なわれました[21]。このような20年近くのメラトニンについての研究を評価し，その結果をとりまとめた内容として，2007年，世界保健機関（World Health Organization, WHO）から環境保健クライテリア（Environmental Health Criteria, EHC）が出され，商用周波の電磁界ばく露によるメラトニン分泌への影響について総合的な評価が加えられています[22]。そこでは，商用周波の電磁界へのばく露によるメラトニン分布の変化は見られないとしています。

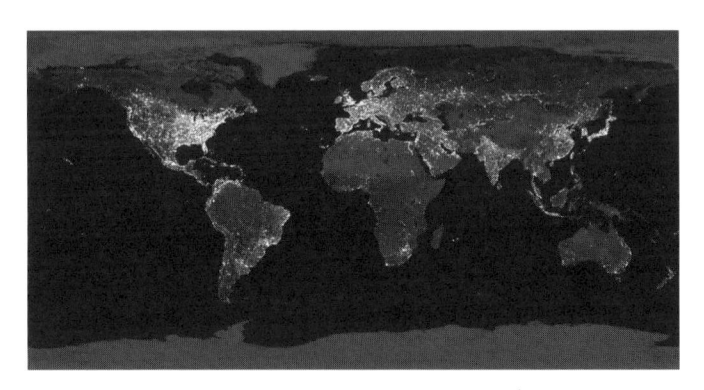

図5.4　地球規模での夜景（NASA）[20]

◆ 参考文献

1) Lauterbur PC: Image formation by induced local interactions: examples employing nuclear magnetic resonance. Nature, 242, pp.190-191, 1973.
2) Mansfield P, Pykett IL: Biomedical and medical imaging by NMR. J Magn Reson, 29, pp.355-373, 1978.
3) Damadian R: Tumor detection by nuclear magnetic resonance. Science, 171, pp.1151-1153, 1971.
4) Super-scientist slams society's spiritual sickness! Creation, 16 (3), pp.35-37, 1994.
5) Weiss R: Prize fight. Smithsonian Magazine, December, 2003.

6) Abe Z, Tanaka K, Hotta M, Imai M: Non-invasive measurement of biological information with application of nuclear magnetic resonance techniques. Biological and Clinical Effect of Low Frequency Magnetic and Electronic Fields, pp.295-317, Edited by LLaurado JG, Sances A and Battocletti JH, Charles C Thomas Publisher, 1974.

7) Ogawa S, Lee TM, Nayak AS, Glynn P: Oxygeneration-sensitive contrast in magnetic resonance image of rodent brain at high magnetic fields. Magnetic Resonance in Medicine, 14, pp.68-78, 1990.

8) ウオルター・ピエルパオリ，ウイリアム・リーゲルソン：『驚異のメラトニン』，養老孟司監訳，保健同人社，1996年。

9) ラッセル・ライター，ジョー・ロビンソン：『奇跡のホルモン―メラトニン―』，小川敏子訳，服部淳彦監訳，講談社，1995年。

10) スティーブン・J・ボック，マイケル・ボイエット：『新発見！軌跡の秘薬 メラトニン』，内田好一監訳，騎虎書房，1996年。

11) マガジンハウス編：『ミラクルホルモン』(メラトニンの真実)，井上昌次郎監修，マガジンハウス，1996年。

12) デカルト：『世界の名著』，第22巻，野田又夫責任編集，中央公論社，1967年。

13) Simonneaux V, Ribelayga C: Generation of the melatonin endocrine message in mammals: a review of the complex regulation of melatonin synthesis by norepinephrine, peptides, and other pineal transmitters. Pharmacological Reviews, 55, pp.325-395, 2003.

14) Semm P, Schneider T, Vollrath L: Effects of an earth-strength magnetic field on electrical activity of pineal cells. Nature, 288, pp.607-608, 1980.

15) Reuss S, Semm P, Vollrath L: Different types of magnetically sensitive cells in the rat pineal gland. Neurosci Lett, 40, pp.23-26, 1983.

16) Welker HA, Semm P, Willig RP, Commentz JC, Wiltschko W, Vollrath L: Effects of an artificial magnetic field on the serotonin N-acetyl transferase activity and melatonin content of the rat pineal gland. Exp Brain Res, 50, pp.426-432, 1983.

17) Olcese J, Reuss S, Vollrath L: Evidence for the involvement of the visual system in mediating magnetic field effects on pineal melatonin synthesis in the rat. Brain Research, 333, pp.382-384, 1985.

18) Wilson BW, Anderson LE: ELF electromagnetic field effects on the pineal gland. pp.159-186, In: Extremely low frequency electromagnetic fields: the question of cancer. Edited by Wilson BW, Stevens RG, Anderson LE, Battelle Press, 1990.

19) Stevens RG: Electric power use and breast cancer: a hypothesis. Am J Epidemiology, 125, pp.556-561, 1987.

20) NASA：http://visibleearth.nasa.gov/ (平成25年3月29日確認)

21) Kato M: Electromagnetics in Bioloy, pp.159-178, Springer Verlag, Tokyo, 2006.

22) 環境省：『超低周波電磁界』，WHO環境保健クライテリア 238，環境省訳
(http://env.go.jp/chemi/electric/material/ehc238_j.pdf) (平成25年3月29日確認)

コラム 5
ワット

　電力の単位としてお馴染みのワットについてのお話をご紹介します。ジェームス・ワットは，スコットランド，グラスゴーの西北，グリーノック（Greenock）で生まれています。同じ年にフランスでクーロンが生まれています。ワットの父親は同じ名前のジェームスで，家具製作，船具や航海用の機器を製作する大工でした。ワットは兄弟が多く，ワットが生まれる前にすでに幼くして3人が，また弟が若くして亡くなっています。

　ワットは，18歳でグラスゴーに，19歳でロンドンに移り理学器械製作を学んだあと，20歳でグリーノックに帰りました。その後グラスゴーで器械製作者として開業しようとしましたが，ギルト制度に阻まれて開業することができなかったとされ，ワットの才能を惜しんだグラスゴー大学の関係者が若いワットに大学構内の部屋を貸し，大学の製図機械製作者に任命しました。ワットの才能を惜しんで後援者になった人のなかには，グラスゴー大学の教授で，古典経済学の祖として『国富論』を著わした有名なアダム・スミス（Adam Smith, 1723-1790）や，潜熱や熱容量の概念をつくったブラック教授（Joseph Black, 1728-1799）がいました。ワットはこのブラックから熱力学を学び，熱効率の高い蒸気機関を発明しました。これは，熱エネルギーを運動エネルギーに変換する機関です。

　ワットが蒸気機関のもっている蒸気の力に注目するようになったのは，グラスゴーの学生でのちにエディンバラ大学の教授になったロビソン（John Robison, 1739-1805）と会ったのが直接のきっかけといわれています。

　ワットは，1763年から1764年にかけての冬，ニューコメン（Thomas Newcomen, 1664-1729）の蒸気機関の修理を依頼されました。この機関は1712年にニューコメンが組み立てたもので炭鉱で坑内に溜まった水の汲み出しに重要な役割を果たしていましたが，その効率の悪さに気がついたワットは，改良を加え燃料効率の良い蒸気機関を製作しました。ワットはこの蒸気機関の特許を1769年にとり，この機関はフルトン（Robert Fulton, 1765-1815）の蒸気船，スティーブンソン（Robert Stephenson, 1803-1859）の機関車に改良されました。ワットは，2度の結婚で4人の子供をなして，1819年に亡くなっています。

　現在，ワットの名前は仕事や電力を表わす単位，〔W〕として残っており，仕事に対するワットの単位名は1889年のイギリス学術協会第2回総会で採用されています。

定義として，1秒〔s〕間に1ジュール〔J〕の仕事をするときの仕事率を1〔W〕としています（W=J/s）。これは1秒あたりに使われるジュールで示したエネルギーの率を表わしています。

　今日，電気工学分野では，電圧と電流をかけた値が電力として使われています。たとえば，電気製品に100Vの電圧が加わり，10Aの電流が流れる場合には，1000W（1kW）の電力を消費することになります。電力に時間をかけた単位はエネルギーを表わし，たとえば，1kWの電気機器が1時間で消費するエネルギーは1kWhで，電力消費量の単位として用いられています。馬力という単位も古くから使われていますが，1頭の馬がある時間になす仕事として決められ，約740Wに相当しています。

◆参考文献
1）ダンネマン：『新訳大自然科学史』，第6巻，安田徳太郎訳編，三省堂，1978年。
2）Gribbin J: The Scientists—A History of Science told though the Lives of Its Greatest Inventors—, Random House, 2004.

ワット

第6章

自然電磁界とのかかわり

　ファラデーは，1831年に電磁誘導を発見した直後に，地球の地磁気の中で導体が動くと電界が誘導されると報告しています。その後，このような地球レベルでみられる電磁誘導現象を自らの行動に積極的に活用している生物の存在が知られるようになりました。一方で電気ウナギのように電気を発生する魚も古くからよく知られています。電磁誘導に基づく低周波電界を感じる魚が知られるようになり，エサの捕食に低周波の電界を利用していることが報告されています。さらに，1970年代には生物由来のマグネタイトとそれを行動に利用しているバクテリアが発見されています。本章では魚の行動と低周波電界との関係や，生物やバクテリアの行動コンパスとして地磁気が利用されている研究を紹介します。

6.1　電気感覚と探索行動

　太平洋を取り巻いているベルト状の地域が地球上で最も多く地震が起きることが知られており，この地域で地球レベルの地震エネルギーの76％が集中しています。日本列島は，このような地震が集中している地域に位置し，世界で有数の地震大国です。世界中の地震の20％ほどが日本列島周辺に集中しているといわれています。

　昔は，恐いものは「地震，雷，火事，親父」といわれ，地震は恐れられるものの筆頭でした。そのためかどうかわかりませんが，「地震のときにナマズが暴れる」というような言い伝えがあります。このため，ナマズの行動変化を観察して地震の予知に利用できないかという研究が，一時期盛んに行なわれたこ

とがありました．実際のところは，はたしてどのようだったのでしょうか．やはりナマズに聞いてみないとわからないのでしょうか．しかし，1976年から1992年まで16年間にわたりナマズによる地震予知の研究が東京都の水産試験場で行なわれていました．

　魚が異常な行動をとるのは，地震に先立って海底や川底で起こる地電流を感じて興奮するためといわれてます．しかし，地電流は地震以外のさまざまな原因で変化しているため，地震だけ感じるのは無理だともいわれています．気象庁は，地震はナマズが尾を振ったことによって生じることを7年にわたって調べた功績として，イグ・ノーベル賞（Ig Nobel Prize）の物理学賞を授与されました．しかし，受賞理由とされた報道に誤りがあったことがのちに判明し，イグ・ノーベル賞の公式ウェブサイトの歴代受賞者リストからは削除されています．

　少し話がそれますが，イグ・ノーベル賞は1991年に創設され，2007年からは日本人が毎年のように授与されています[1]．2007年はウシの排泄物からバラの香り成分バニリンを抽出した化学賞，2008年は粘菌にはパズルを解く能力があったことを発見した認知科学賞，2009年にはパンダの排泄物から採取したバクテリアを用いると生ごみを90%以上削減できる生物学賞，2010年は粘菌を用いた最適ネットワークの設計研究に対する交通計画賞，2011年にはわさびの臭いによる警報装置の開発による化学賞，さらに2012年はおしゃべりが過ぎる人をじゃまするスピーチ・ジャーマーの開発に対する音響学賞と，6年連続して日本人がイグ・ノーベル賞に選ばれています．

　古くから，電気魚の不思議が調べられてきましたが，ここでは自然界の生物のなかで電気魚に代表されるように魚を取り上げ，電磁界とのかかわりを述べてみたいと思います．

　さて，魚の発する電気についての最初の報告は，イギリスの科学者で1773年にコプリー賞を受賞したウォルシュ（John Walsh, 1725?-1795）といわれており，フランクリンに送った書簡にシビレエイ（*Torpedo nobilna*）の電気的な特性が述べられています．1774年，ウォルシュはシビレエイから受けるショックは，ライデン瓶によって受ける弱い電気的なショックと似ていると述べています[2]．また，スコットランドの外科医ジョン・ハンター（John Hunter, 1728-1793）はシビレエイの電気器官を精密に描いています．その後，

1776年，イギリス，ケンブリッジ大学のキャベンディッシュ研究所に名前を残しているヘンリー・キャベンディッシュ（Henry Cavendish, 1731-1810）は，電気魚の働きを電気で模擬する実験をウォルシュを助手として行なっています。キャベンディッシュは，電気魚が与える刺激はある種の放電作用であると考えて，木と皮で魚の模型をつくり，ライデン瓶につないで実験を行なったことを報告しました[3]。この報告には，電気的なショック，感知は実際のエイと同じ程度であることが示されています。

　魚と電気とは縁が深く，南アメリカの淡水に生息している電気ウナギは電気魚として有名で，アレクサンダー・フォン・フンボルトが書いた旅行記『新大陸赤道地方紀行』のなかには，電気ウナギは電撃を加え小魚を倒し，馬をも電撃で倒すとの記述がみられます。一方，生命の維持と電気的な活動は，相互にまた密接に結びついています。たとえば，筋肉の収縮時に神経でみられる電気パルスの発生，心電図や脳波などで記録される生命現象も電気的な活動を反映しています。

　海洋は地球がもっている大きな地磁気の中にあり，またファラデーが予測したように潮流が発生し水が流れたり魚が泳ぎまわったりすると，起電力が生じます。このような電磁環境の変化をうまく利用している生物がいます。たとえば，このような魚は周辺の電気環境の変化を検出することによってエサをとったり，地磁気を利用して回遊しています。そのため，地磁気中で魚が泳ぎまわることで生じる誘導電界，ならびに体内に存在する磁性物質による作用メカニズムについて研究がすすめられています。

　さて，電気ウナギ，電気ナマズ，シビレエイなどの電気魚は強い電気を発生します。これらの魚は，強い電気を発生することから強電気魚とよばれています。反対に1V程度以下のわずかな電気を発生する魚もおり，弱電気魚とよばれています。

　自ら電気を発生する魚に加え，周囲の環境変化やエサとなる魚が発する電界を感知できる魚がいます。これらは体の周囲に微弱な電流が流れるとその変化を敏感に感じる，または周囲の電界の歪みを感じる器官，ローレンチーニ（Lorenzini）器官をもっています。ローレンチーニ器官は，ローレンチーニ（Lorenzini S, 1652-?）によって初めて見い出された器官です。ローレン

チーニ器官は，小さなゼリー状の塊で，以前はこの器官の働きがよくわかりませんでしたが，今日では電気の受容器であるとされ，微弱な電界を感受するといわれています。このように器官で周辺の電気的な環境変化を感じることを電気受容（electroreception）といい，変化を感知する器官を電気受容器（electroreceptor）といいます。サメ，エイ，ヤツメウナギ，チョウザメなどは，電気を発生させる器官をもっていませんが，電気受容器をもっているので，電気魚に分類されます。

図6.1は，電気的な感覚器をもっているサメがどのようにしてエサを捕食しているか，また地球の大きな磁石の中で海洋性の魚がどのように移動しているか，さらに地磁気中での磁性バクテリアの遊泳を模式的に示したものです[4]。サメやエイは頭部の皮膚に高感度の電気受容器であるローレンチーニ器官を有

（a）砂に隠れているエサに近づくサメ

（b）水の流れに沿っているサメ

（c）東を向いているサメ

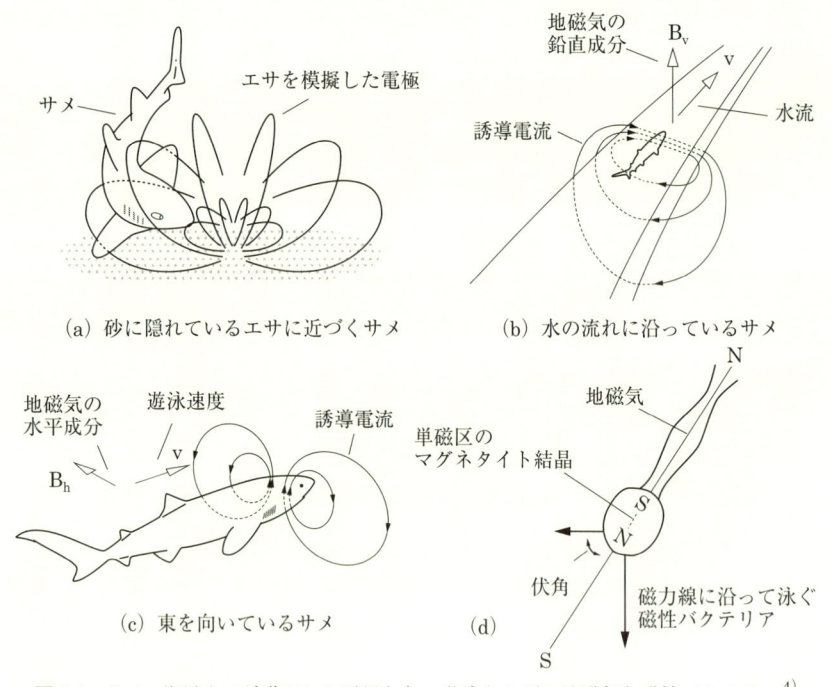

（d）

図6.1　サメ，海洋中で誘導される電界と魚の遊泳ならびに地磁気と磁性バクテリア[4]
(a) 砂に隠れているエサに近づくサメ。(b) 地磁気中での海流の流れに沿って移動する魚。
(c) 地磁気中で泳いでいる魚と誘導される電界。(d) 地磁気中での磁性バクテリアの行動。

しています。このような器官をもっているトラザメやガンギエイの仲間は，エサとなるツノガレイの呼吸や心拍数の変化による微弱な電界を検知することができるのです。これらの魚の採餌行動と電気受容に関しては，ウッドホール海洋研究所，カリフォルニア大学のカルミジン（Adrianus Kalmjin）が行なった非常に優雅な実験から，魚がエサを検知する行動が明らかになりました。

カルミジンが行なった実験をたどってみます[4]。トラザメやガンギエイは砂の中のツノガレイを探し出して食べているといわれています。この場合，サメやエイがいかにエサのカレイを見つけ出すかは，臭覚と電気的な受容感覚によるとされています。サメはローレンチーニ器官によって，砂の中のカレイのわずかな心拍動によって発生している活動電位 ―心電図でみられる電気的な変化―を感知し，エサとしてのカレイを突き止めています。その様子を，図6.1の(a)に示します。

もう少し詳しくエサをとる様子を示したのが図6.2です[5]。図6.2に示すように空腹状態のトラザメはエサのカレイに食らいつき，正確に捕らえることがわかります。まず，サメは水底を泳ぎ回り，水底の砂の中に潜んだエサのカレイを難なく探し出します（図6.2(a)）。次いで，寒天でできた透明なチャンバーにカレイを入れて砂の中に埋め込み，チャンバーをみえなくします。このとき，カレイは呼吸ができるようにしてありますが，寒天を用いていることでチャンバー内は海水と同じ電気伝導度になっています。このようにしても，サメは15cmほどの距離で正確にチャンバーを捕らえ，カレイを難なく正確に見つけ出します（図6.2(b)）。

また，生きたカレイの代わりにタラの肉片を寒天で覆ったチャンバーに入れるとチャンバーの上を泳いでも反応しませんが，チャンバーの端からタラの肉片の臭いがついた水が排出されているのを嗅ぎ，エサを探るようになります（図6.2(c)）。次に，生きたカレイを入れた寒天のチャンバーをポリエチレンのフィルムでこん包して砂の中に埋めます。ポリエチレンのフィルムで覆うことによって海水が入らないので，電気的に遮蔽された状態です。この場合，サメやエイはカレイを探し出すことができません（図6.2(d)）。

カルミジンは，このようなエサの摂取する状況を，エサとなるカレイの筋肉運動によって発生する活動電位を模擬して，さらに検証を加えています。カレ

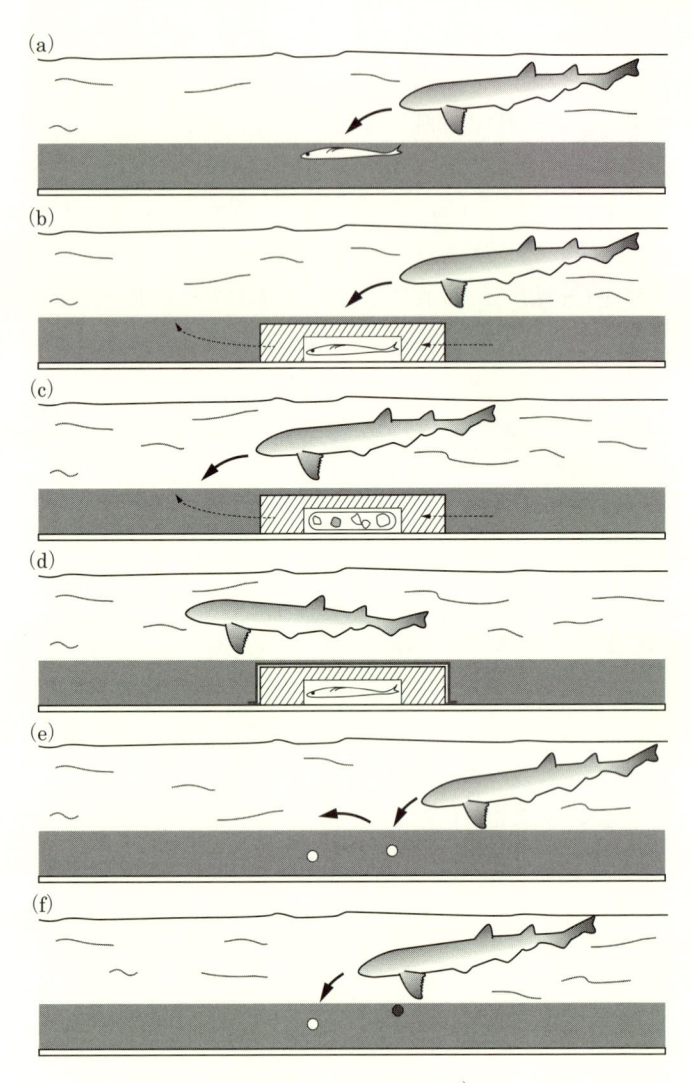

図 6.2 サメの探索行動[5]

(a) 砂の中に隠れたエサとなるカレイを見つけ出す。(b) 海水中の寒天箱に入れたカレイを見つけ出す。電気的には透明の状態。(c) エサとしてタラの肉片を味覚によって見つけ出そうとする。(d) 寒天箱をプラスチックで覆って電気的に絶縁した状態では,寒天箱の中のカレイを見つけ出さない。(e) エサとなるカレイが発生する電界を電極で模擬すると,カレイが発する電界とみなしてエサに近づく行動がみられる。(f) タラの肉片とカレイを模擬した電界では,電界を選択するようになる。

イから発生する活動電位を模擬するために，砂の中に2つの電極を埋め込みその電極間に弱い電流を流すと，サメは電極の上を通るときにカレイが隠れているときと同じように砂を掘り返す行動がみられます。この電極の側にエサのタラの肉片を置くとそれにも近づきますが，生きたエサのカレイがいると思い込み，盛んに電極の方に接近し反応するようになります（図6.2(e)(f)）。この場合の電極には1Hz，4μAの正弦波電流が加えられており，これによって数μV/cm程度の弱い電界が形成されています。

カルミジンは，サメの近くの水中で約100μV/cmの直流，低周波電界（周波数，1-2Hz）を測定しており，この電界はエラまたは口の近くで最大となり，数cm離れると電位勾配は1μV/cmとなることがわかりました。この結果から，サメは魚が発生する活動電位の微弱な低周波成分を検出していると考えられます。人が泳いでいる場合にも，筋肉の活動，動きによる活動電位により電界を発生させることから，サメは人が発生する微弱な電界を感知している可能性が考えられます。

さて電気感覚は，能動的な電気受容ならびに受動的な電気受容にも分けられます。能動的な電気受容は，筋肉から分化した発電器官からの放電によって周囲に定常的な電界を形成する魚にみられます。この種の魚には前述したようにガンギエイやエイ，ナマズなどが含まれ，数mVから1Vを放電します。コミュニケーションに使用している弱電気魚，対象の位置づけや移動の方向づけなどに使用する電界を発生する弱電気魚，防御や捕食行動時に数百Vにおよぶ電気を発生させる強電気魚がいます。

受動的な電気受容は，電気の発生組織はないが，電気受容器をもっている魚でみられます。この受容器により，エサの魚が発生している電界や，水の流れや魚が地磁気の中を移動する際に生じる電界を感知します。この種の魚にはナマズがよく知られており，前述したようにサメやエイなども電気受容組織をもっています。

電気的な受容器には，アンピュラ型（Ampullary）の受容器（低域受容器：直流から約20Hzまでを応答）と結節型（Tuberous）の受容器（高域受容器：数百Hzから数kHzまでを応答）として分けることもできます[6]。ナマズなどはアンピュラ型の受容器をもっています。皮膚や管壁の電気抵抗が高く，電流

がアンピュラ壁内の受容細胞に集中するようになっており，エサなどの他の動物の接近による電気的な変化を検出します。結節型の高域受容器は，受容細胞が内壁に露出し，管の部分は細胞の塊で閉じられ，機械的シールドが成されています。本受容器は弱電気魚でみられ，自らの発電器官からの放電によって周囲に電界を発生させ，その分布の歪みでエサや物体を感知する能動的な電気受容，また周辺の魚や物体が発する電界を感知する受動的な電気受容の計測器として使用されています。

　さて，能動的な電気受容をもつ弱電気魚は，磁石の付近で行動に変化が現われることがわかり，磁気感知が電気的な受容器と関係するのではないかと指摘されるようになりました。また，受動的な電気魚であるナマズなども磁石に反応することがわかり，電気魚の磁界感知が注目をされました。電気魚の磁界感知を調べるため，アカエイの仲間で電気的な魚でないエイ(*Trygon pastinaca*) と弱い電気的な魚であるイボガンギエイ (*Raja clavata*) を実験に用いたところ，中枢神経系につながっているアンピュラ組織の神経線維の活動電位記録から，磁界の影響がみられました[7]。この実験では磁界を時間的に変化させており，実験の結果から神経線維の応答は磁気刺激を強めると自発的な発火活動が低下し，逆に磁気刺激を弱めると発火活動が増加するということがわかりました。エイが静止している場合には直流磁界に応答せず，時間的に変動する磁界にのみ応答します。一方，エイが動いたりエイに水をかけたりした場合，直流磁界でも応答します。これは磁界中でエイが動いた場合に誘導される電磁力に応答することを示しています。また，地磁気の垂直成分を補償すると応答しなくなります。これらの結果から，エイは地磁気を検知するのに十分な感度を有していることがわかりました。これにより，電気受容器をもっているサメ，エイやナマズなどは地磁気とその変化に対する感受性をもっていることが想像されます。

6.2　回遊とストランディング

　導体が磁力線を切ると，単位時間に切る磁束に比例する起電力が導体に生じるというファラデーの電磁誘導則があります。ファラデーによるこの電磁誘導則は，地磁気の中でも適用できることが示され，魚が外洋を回遊するときに方向

定位づけのコンパスに利用しているのではないかということが示唆されました。
　すなわち，地磁気の中で恒常的に水平方向に移動している海水の流れ，すなわち海流に沿って魚が泳いでいる場合に電界が誘導されます。また，地磁気の中で自由に遊泳している場合にも，同様に電界が誘導されます。
　1974年にカルミジンは，この電磁誘導則によって地磁気の中や海流に沿って魚が移動する状況を説明しました[5]（図6.1(b)(c)）。図6.1の(b)から，地磁気の中を海流が移動したり，魚が移動したりすると電界が誘導されることがわかります。この誘導された電界は地磁気に対して特定の方向を取ることから，方向の検知に利用できることが可能となります。泳いでいる魚が特定の方向をとることを定位といいますが，魚に加わる電界なのか，魚が泳ぐことによって誘導される電界なのかによって受動的電気定位（Passive electro-orientation）と能動的電気定位（Active electro-orientation）に分けることができます。エイやサメは，ローレンチーニ器官とよばれる電気の感知器官が頭部近くにあり，$0.01\,\mu$V/cmほどの微弱な電界を検知することが知られています。この電界の感度は，1.5Vの単1乾電池が1,500km離れた場合に相当します。
　さて，図6.1の(b)に示すように地磁気の鉛直成分B_v中を水の流れがあると，電磁誘導則$E=v\times B_v$から，地磁気と水の流れの両者に垂直な方向に電界が誘導されます。地磁気の鉛直成分B_v〔T〕中を，海流がv〔m/s〕の速度で動いている場合には電界Eが誘導され，その大きさは〔μV/cm〕で表わされ，電界の向きは水平方向をとります。イオンの流れは，電流が水流を水平に横切り，水流を巡るかたちに生じます。すなわち，このEはループ状に電流を流すことになります。もし，魚が流れの方向に向いていれば左から右への電流，流れと逆方向に向いていれば右から左への電流を感知することになります。これは受動的な電気定位であります。非常にゆっくりした流れでは，海面付近で0.05-0.5μV/cmの電界が測定され，潮流レベルでは英仏海峡での実測が$0.25\,\mu$V/cmの誘導電界が知られています[8]。
　サメはローレンチーニ器官によって回遊時の定位づけを行なっており，地磁気中で動いている場合，海流によって運ばれる場合，地磁気の垂直方向に対して直角方向すなわち海流を横切る方向に電流が発生します。これは前述の検出感度内にあり，回遊の方位づけ，海流の中でどの方向を向いているかがわかり

ます。

　一方，図6.1の(c)にあるように，たとえばサメやエイが，速度v〔m/s〕で地磁気の水平成分B_hの中を泳いでいる場合，$v \times B_h$の電位勾配，電界が誘起され，これに従ってサメやエイの体内外に電流が誘導されます。ここで海水の抵抗は20Ω・cm程度であり，魚の平均的な抵抗は，その約10-100倍であることから，海水中では電圧降下が魚体内より小さく，起電力は大部分が魚の体内にかかることになります。また電流は体軸に垂直であり，サメが地磁気の方向に直角に東に向かって泳ぐ場合には，サメの体には電磁誘導則によって腹側-背側-海水-腹側の方向に電流が流れ，西に向かう場合には逆方向，背側-腹側-海水-背側に電流が流れます。南北に向かう場合は，磁力線を切らないので，電流は流れません。

　このように磁界中での遊泳で生じる電位を感知して進行方向を知ることができ，これが能動的な電気定位です。たとえば，地磁気の水平成分0.25μT中で，100cm/sの速さで泳いでいる魚には，0.25μV/cmの電界が誘導されます。この電位勾配はローレンチーニ器管を通して電界の強さ，0.01μV/cmを感知するサメやエイには十分感知できる範囲であるため，ファラデーの電磁誘導則により地磁気を介しての方位決定に対する磁気コンパスの可能性は十分あると指摘されています。

　このような地磁気中での誘導電界により，魚の行動が制御を受けているという考え方は，次第に受け入れられてきています。しかし，体内に磁性粒子をもった魚も見いだされており，直接的な磁気感知の可能性も考えられ，誘導電界による定位方向づけが決定的なものであるかどうかは定かとはなっていません。

　話題を変えますが，大きな海原を自由に泳ぎ回っている海洋性の動物の行動に対する地磁気の影響についてはよく知られておりません。しかし，日本の海岸でしばしばクジラやイルカなどが座礁（ストランディング，Stranding）し，多くの人々に助けられ無事に海に戻るといった出来事がニュースになることがあります。クジラやイルカが死亡した状態で座礁する場合には受動的な座礁（Passive stranding），生きて海浜に座礁する場合には能動的な座礁（Active stranding）といわれます。

　このように回遊性のクジラ，イルカなどが，座礁するなど行動に異常をきた

すのは，地磁気の異常（Magnetic anomaly）を方位決定，航行や針路決定の指標として使用しているからではないかとの仮説があり，季節的に長距離を移動するときに座礁したりする行動でその仮説を確認した調査があります。地磁気の分布は局所的な地形の変化で大きく影響を受け，磁性物質を含んだ岩石では地磁気は強くなり，地磁気異常として観察され，逆に地磁気が弱くなる地点も地磁気異常とみることができます。

ケンブリッジ大学クリノブスカ博士（Margaret Klinowska）は大英博物館で保存されている過去70年以上にわたる3,000例の座礁記録を整理し，能動的な座礁を取り上げ地磁気が弱くなる"谷間"で座礁が多いことを報告しています[9]。また，カリフォルニア工科大学教授のカーシュビンク（Joseph Lyun Kirschvink）は，スミソニアン博物館に記録，保存されている212の座礁例とアメリカ東海岸での座礁地点の地磁気データを使って，海洋中の磁気的な地形変化（Topography）と座礁場所とを対応させ，クジラやイルカなどの動物が局所的な地磁気の変動を感知しているのではないかと指摘しています[10]。

このような調査結果からクジラやイルカなどは，他の移動性および帰巣性の動物と同程度の磁気感知システムを保有していることが示唆されています。磁気的なトポグラフィー，とくに海の地磁気異常（Magnetic lineation）が長距離の移動ガイドとして重要な役割を果たすことが予想されます。

図 6.3　シロナガスクジラ（モンゴル切手，1980 年）

6.3 魚の電気感受

6.1節,6.2節では電気を発生する魚,海洋を移動している魚や哺乳動物が,どのように周囲の環境変化を認識して,自らの行動を制御しているかを中心に,電磁気との関係を示しました。一方,電気を発生しない魚,電気に対する感受性をもっていない魚も数多くいます(図6.4)。

図6.4 ヨーロッパウナギ(Anguilla anguilla),コイ(Cyprinus carpio),ナマズ(Silurus glanis)など淡水魚(スロヴァキア切手,1998年)

カルミジンは,淡水性および海水性の魚を,電気感受性が知られている種と電気感受性のない種に大きく分けて,電界に対する感受性のいき値を整理しています。その様子をカルミジンの原著で取り上げている内容を整理・抜粋し

て，魚の感受性について表6.1に示します[5]。そのため，魚の電界に対する反応の詳細については，カルミジンの原著を参考にしてください。表6.1の注記にあるように，淡水，海水性の魚を一緒にまとめているので，電界を感知する反応いき値を相互に比較することには注意が必要です。魚の電界に対する行動変化，反応は次のような3通りに区分できます。初期反応として，刺激を加えたときに体をくねらせる行動（First reaction），電気的な走性として電界の方向に向きを変えて泳ぐ行動（Galvanotaxis），電気的な麻痺として麻痺状態（Galvanonarcosis）です。

表6.1には，電気感受性のみられないコイ，ハタなどから電気感受性が知られているウナギ，エイ，ナマズまでの広い範囲の魚の電界への反応いき値とその行動を示しています。感受性のみられない魚では，約10-100mV/cm程度が初期反応を生じる電界のいき値とみることができ，また海水性の魚と比べ淡水性の魚の方がそのいき値の強さが大きいことがわかります。電気感受性のみら

表6.1 電界に対する反応例

種		電界強度いき値	反応
A．電気感受性が知られていない魚			
硬骨魚類（TELEOSTEI）			
コイ科：ヨーロッパタナゴ	F	125mV/cm[++]	電界印加時の初期反応
カジカ科：カジカ	F	70mV/cm[++]	電界印加時の初期反応
ボラ科：ボラ	M	45mV/cm	電界印加時の初期反応
ハタ科：ヨーロッパシーバス	M	25mV/cm	電界印加時の初期反応
B．電気感受性が知られている，また示唆されている魚			
ナマズ科：ナマズ	F	75mV/cm[+]	電界上昇時の初期反応
ヒメナマズ科：アフリカナマズ	F	0.75μV/cm	均一電界の条件づけ反応
ウナギ科：アメリカウナギ	F	6.7μV/cm	均一電界の条件づけ反応
ギュムナルクス科：ジムナーカスジムナーカス	M	0.03μV/cm	過渡誘導電界への反応
アイゲンマニア科：ナイフフイッシュ	F	60μV/cm	電界印加時の神経反応
軟骨魚類（CHONDROSTEI）			
ヘラチョウザメ科：ミシシッピーヘラチョウザメ	F	15μV/cm	局所電界への忌避反応
軟骨魚類（ELASMOBRANCHI）			
トラザメ科：ハナカケトラザメ	F	1.0μV/cm	電界印加時の神経反応
ガンギエイ科：イボガンギエイ	M	1.0μV/cm	電界印加時の神経反応

注記　1）F：淡水，M：海水　2）電界は魚がいる場所での値　3）(+)：原データからの計算値，(++)：他の資料

れる魚では，反応に対する電界のいき値は，みられない魚と比べ，そのいき値は3桁ほど小さな値となっています．

前述したことと一緒に考えると，魚は陸生の動物にはみられない電気を発生させる発電器官，また電気を受容する電気受容器など特別な生理機能をもつものがいますが，そのような機能は水中という環境に依存するといえます．また，タイなどの硬骨魚の大部分には電気受容はないと考えられます．

電界に対する魚の感受性については，電気的なスクリーン設置による栽培漁業・海洋牧場の観点からも明らかにしていく必要があり，検討が加えられた歴史があります．また実用化もなされています．

話題を少し変えますが，魚の産卵や繁殖に磁界がどのように影響するのか，淡水性のニジマス（*Salmo gairdneri*），グッピー（*Ledbistes reticulatus*），メダカ（*Oryzas latipes*）などを対象として実験が行なわれています．ここでは観賞用として人気のあるグッピーについて実験した例を紹介します[11]．グッピーは卵胎生性の熱帯魚で，飼育が比較的容易なため人気があります．実験は，永久磁石の極間に水槽を置き，50mTの磁界の中で4年間にわたり数世代のグッピーを繁殖させました．この繁殖の実験は，それぞれの世代で磁界ばく露によって大きく成長し，メスのほうがオスより大きくなり，初代と2世代目は30％ほど妊娠期間が短くなり，3世代目では繁殖が抑制されました．しかし，実験では磁界中から魚を取り出すと抑制は回復し，90日程度経過するとほぼ磁界を加えていない対照と同程度となることもわかりました．

6.4 マグネタイト

幼い頃，馬蹄形磁石に少し長めの紐を結びつけ，砂場で砂鉄を集めた人もいるでしょう．子供が遊ぶ身近な砂場で，容易に砂鉄が集められるように，地球は鉄に恵まれており，鉄の惑星ということができます．もっとも，最近は砂場を身近に見つけることも難しく，子供が砂場で遊んでいることをみる機会も少なくなっています．イギリスの産業革命は，蒸気機関の発明だけでなく，地球が鉄に恵まれていたためになされたのではないかと考えられます．

地球奥深くにある鉄，溶融鉄が運動し電流が生じることによって地球の磁

界，地磁気が生じており，このような地磁気環境が生命にとって必要な環境となっています。しかし，なぜ，地球が鉄に恵まれているのでしょうか。地球は誕生してから48億年経っているとされますが，地球が誕生する遥か昔，宇宙は137億年前のビッグバンで誕生したとされています。鉄は太陽の10倍以上の恒星の内部でつくられたもので，その星が死ぬ瞬間の大爆発によって宇宙空間に撒き散らされました。その結果，地球誕生のときに大量の鉄が取り込まれました。

鉄に満ちた地球で生命の誕生，進化がみられました。そのため，生体の中では鉄が必須元素として取り込まれてきたことが充分考えられます。たとえば，生体中のポルフェリンなどの鉄貯蔵タンパクは，生物磁石の前駆タンパクではないかといわれています。生体内で鉄は酸化還元反応に関係する微量元素として存在し，鉄が欠乏すると赤血球中に含まれる鉄タンパク，ヘモグロビン量が減少し，貧血を起すことはよく知られており，鉄は生物の生命維持にとって深くかかわっています。ポルフェリンは反磁性の酸化鉄を含んでおり，ヘモグロビンのタンパク質の部分であるグロビンやヘム面は反磁性です。血液中には鉄が含まれているから血液は磁石に引き寄せられるということをよく巷ではいわれていますが，ヘモグロビンなどの分子に含まれている鉄は強磁性ではなくて反磁性であり，外から磁石などで加えられる磁界に対しては反発するように働きます。

第1章で述べているように，地球が大きな磁石であることを最初に報告したのは，イギリスのギルバートで1600年のことです。地球の磁石を地磁気といい，その強さは両極地で約$60\mu T$，赤道で約$30\mu T$，日本では普通$50\mu T$程度です。地磁気は，棒状磁石の磁界に似ていると考えられていますが，磁石としての地球を考える場合に重要な点は，地球の極（地理極）と地磁気の極とが一致していないことです。地球中心部で棒状の磁石を想定すると，地球の回転軸に対して棒状の磁石を11.4度傾けて置いた場合に地磁気の極が一致します。このように仮定された棒状の磁石を延長し，地表を切る点を磁気北極および磁気南極といい，地球の地理的な極とは一致していません。

地磁気の極性は，海底や湖底の堆積物のコア中の残留磁気を測定することによって得ることができ，10-100万年程度の不規則な周期で極性が逆転してい

ることが明らかになってきました。最も新しいのは約70万年前の逆転で,「ブルン正磁極期」とよばれ,その前の逆転は約260万年前から約70万年前まで続いているもので,「松山逆磁極期」とよばれています。正磁極期は,現在と地磁気の向きが同じ場合で,反対向きの場合を逆磁極期とよんでいます。磁気学を確立したギルバートや磁束密度の単位に名前を残しているガウスにちなんで,約400-500万年前の逆磁極期を「ギルバート逆磁極期」とよび,約250-340万年前を「ガウス正磁極期」とよんでいます。しかし,地磁気がなぜ逆転するかのしくみは謎のままです。「松山逆磁極期」は,京都帝国大学教授でのちに山口大学学長を務めた松山基範(1884-1958)の業績にちなんでいます。松山は,兵庫県豊岡市の玄武洞(国指定天然記念物)での調査を契機として,朝鮮,満州などで数多くの現地調査を行なった結果から,地磁気の逆転現象を1929年に発表しています。現在,世界に先駆けて,松山が地磁気の逆転現象の調査を行なった玄武洞は「世界ジオパーク」に認定されています(図6.5)。なお,「世界ジオパーク」はユネスコの支援で2004年に発足した世界ジオパークネットワークの認証した地球科学的に見て重要な自然遺産です。

図6.5 玄武洞(山陰海岸ジオパーク切手,2011年)

さて,ある特定の場所での地磁気は,地磁気の三要素(水平分力,偏角,鉛直分力)を測定することで決めることができます。地磁気の大きさと磁力線の向きは,つねに変動しており,日によって変化しています。地磁気の日変化は,地磁気の約1/1000程度です。この日変化の原因は,電離層を流れる電流によって地殻中に誘導される地電流の変化に基づくものと考えられています。また

太陽の活動が活発化すると太陽表面から高速の粒子が噴出して磁気嵐が発生します。この変化の大きさは地磁気の約1/100程度になります。これが無線通信に大きな障害を与えることはよく知られています。磁気嵐は電離層に大きな電流を発生させることから，その誘導によって地殻内の電流も増加し，地磁気に大きな変化が生じます。

　地殻で発生した磁力線すなわち地磁気は，地表から数千万kmもの彼方の宇宙空間にまで及び，大きな磁気圏を形成しています(図6.6)。一方，太陽からは，太陽風とよばれるプラズマ（主として陽子とその原子核に拘束されていない自由電子）の流れが，絶えず地球に吹きつけています。プラズマの流れは，地磁気によって地球の近くで曲げられて周囲に分流するので，地球磁気圏はプラズマ流に閉じ込められ，図のような形状になっています。太陽に面する側の境界は地球半径の10倍ほどの位置にあります。地磁気は，宇宙から地球に飛び込む宇宙線を遮り，地球とのあいだの緩衝帯となって地球の生物圏を守るのに役立っているものと考えられています。また地磁気がなくなったらオーロラを見ることができなくなります。

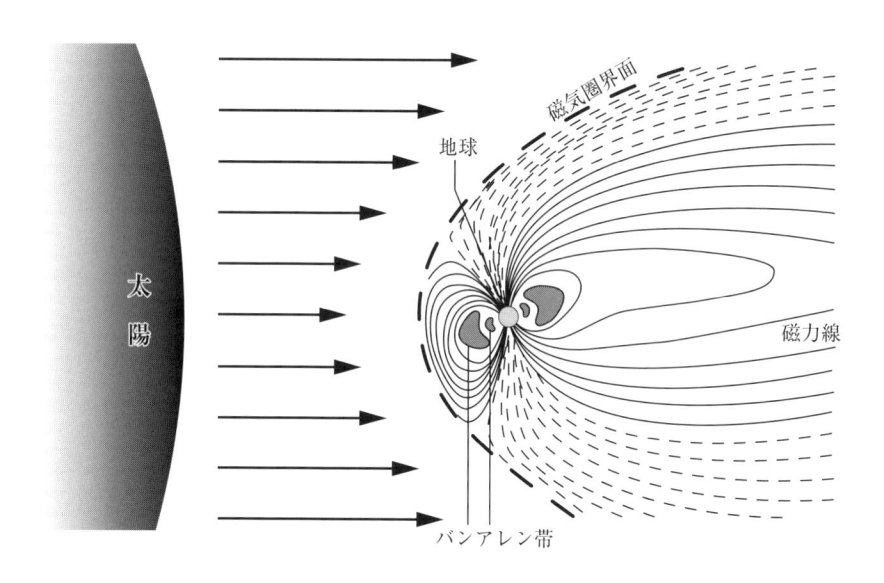

図6.6　地球磁気圏

第3章でも述べたように，地球上にはさまざまな電磁現象が存在し，生物は太古の時代からこのような電磁現象にさらされてきました。したがって，生物は進化の過程で電磁現象の影響を受けたと推測できます。これは，科学者にも一般の人にも非常に興味深い問題でした。生物の行動に磁気が関係しているのではないかとの指摘は古くからされてきましたが，動物が地磁気を積極的に利用することが科学的に明らかになってきたのは，歴史的には比較的新しいことです。

　とくに，地磁気を方向の探知手段に利用していることは，伝書バトや渡り鳥の頭部，ミツバチの腹部，バクテリアの体内などに地磁気のセンサーとなり得るマグネタイト（磁鉄鉱, Fe_3O_4）が発見されてからです。

　図6.1の(d)には，地磁気の中での磁性バクテリアの行動を模式的に示しています。生物のもっているマグネタイトや磁性バクテリアについては，1960年代から非常に興味深い発見が続いていました。たとえば，1962年にヒザラガイの前歯舌が磁鉄鉱（マグネタイト）で覆われていることが発見されました[12]。ヒザラガイは，海域の岩のくぼみや岩のすきまで岩に付着している藻類を食べ，日本近海でも普通にみられます。ヒザラガイのマグネタイトのモース硬度が約6と比較的硬いことから，ヒザラガイの前歯舌は岩石に付着している藻類を剥ぎ取って食べるのに適しています。その後，ハツカネズミ，イルカ，カメ，マグロなどからもマグネタイトが見つかっています。

　1975年，ウッズホール海洋研究所のブレークモア（Richard Blakemore）らは，マサチューセッツ州の沼地から採取した細菌が，光や化学物質などとは無関係に必ず北に向って泳ぐことを発見しました[13]。試みに磁石を近づけてみると，細菌は明らかにそれを感知し，磁界の方向を逆にすると泳ぐ方向も逆転することや，僅か$50\mu T$程度の弱い磁界でも感知することが明らかになりました。さらに1980年，ブレークモアはニュージーランドとオーストラリアの海水や淡水の沈殿物の中から，地磁気の南に向かう走磁性の細菌を発見しました[14]。そして，磁気感知能力が細菌のどこに存在するかを解明するために，細菌を電子顕微鏡で詳細に観察した結果，その細胞室内に，2列または数珠状に並ぶ十数個の粒体をもっていることを発見し，さらに，電子回折や分光分析によって粒子の組成を調べてみると，それらはマグネタイトであることが確認

されました。このように磁力線に沿って運動する細菌の存在と，それがマグネタイトの結晶を含んでいることが報告されて以来，磁気測定技術の進歩と相まって，磁気と生物に関する研究が非常に活発になりました。磁性をもった細菌が，多くの磁性物質のなかから化学的に最も安定で永久磁石の性質をもつマグネタイトを選択したことは，驚くべき自然の英知といえましょう（図6.7）[15]。図6.7は磁気走性細菌の電子顕微鏡写真です。細胞内でのそれぞれのマグネトゾームでのマグネタイト結晶は約42 nmであります。

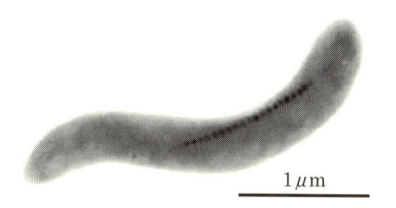

図6.7 磁気走性細菌（*Magnetospirillum, magnetotacticum*）の電子顕微鏡写真 [15]

　このような走磁性は，細菌にどのような利益をもたらしているのでしょうか。ブレークモアはこれを菌の嫌気性と関連させて説明しています。地磁気の磁力線は赤道付近では水平ですが，南北の磁極に近づくに従って鉛直分力が強くなるので伏角，すなわち地面に対する傾きが増加します。したがって，細菌が北半球では北向きに，南半球では南向きに磁力線をたどって移動すれば，おのずから酸素の少ない泥の中や水底の方に移動することになるという仮説です。この仮説が正しければ，伏角の少ない赤道の近くでは，北向きの磁性細菌と南向きの磁性細菌とが混在しているはずです。事実，ブレークモアは，1981年に赤道近くのブラジルのフォルタゼーラ（Fortaleza）の淡水および海水中の沈殿物の中に北向きの磁性細菌と南向きの磁性細菌とがほぼ同数生息していることを発見し，この仮説の妥当性を立証しています[16),17]。

　また，地上の動物が磁気的なコンパスをもっているかについて動物実験が行なわれ，次第に地磁気をガイドとして行動する可能性が示されてきています。とくに鳥の渡りの方向や位置情報などについて地磁気を手がかり（Cue）としている数多くの実験データが蓄積されてきています[18]。これについては第7章で少し詳しく述べることにします。

しかし，なぜ動物が地磁気を行動のコンパスとしているのかそのメカニズムについては，いまだに十分な理解がなされていません。多くの動物の体内にマグネタイトがあることが報告されていますし，とくに鳥の渡りに際して，このマグネタイトを方位決定するための磁針としている考え方―マグネタイト説―が提案されています。

　一方，磁界中でみられるラジカル対反応に基づいたメカニズムも提案されています[19]。カリフォルニア大学のリッツ（Thorsten Ritz）は，鳥の網膜で視覚を制限するラジカル対が存在しているとし，このラジカル対の光化学反応は地磁気で変化すること，また超微細結合の異方性のためこの変化は磁界の方向に対して異方的に違ってくることを示唆しました。このような磁気による影響により，鳥は向かう方向によって異なった映像をみていると考えられます（南に飛ぶときは上が暗く，北に向かうときは下が暗い）。リッツらは，地磁気の方向を向いている鳥に，地磁気に対して7MHzの振動している磁界を加えると，鳥の方向感覚が，地磁気と加えた磁界の角度によって失われることを報告しています[20]。これは加えた振動磁界による電子スピン共鳴によると考えられています。このような変化をもたらす光化学反応では，光活性タンパク，クリプトクロムが関係していることをリッツは提案しています[21]。クリプトクロムは動物，植物に広く存在し，植物の実験で広く使われているシロイヌナズナの磁界影響の研究において，磁界にばく露されて変化することが報告されています[22]。また，クリプトクロムは，動物において概日リズムを調節していると指摘されています。クリプトクロム発現の活性化が，弱い磁界と関係することが報告されるようになり，動物において磁気受容器との関係が指摘され始めています[23]。

◆ 参考文献
1）イグ・ノーベル：http://www.improbable.com（平成25年3月29日確認）
2）Rowbottom M, Susskind C: Electricity and Medicine -history of their interaction. pp.35-37, San Francisco Press, 1984.
3）Schiffer MB: Draw the lighting down-Benjamin Franklin and electrical technology in the age of enlightenment. pp.118-119, University of California Press, 2003.
4）Kalmjin J: Detection and biological significance of electric and magnetic fields in microorganisms and fish. pp.97-112, Matthes R, et al（ed）In: Effects of electro-

magnetic fields on the living environment, ICNIRP, 2000.
5) Kalmjin AJ: The detection of electric fields from inanimate and animate sources other than electric organs. Handbook of Sensory Physiology, Ⅲ/3, pp.147-200, Springer Verlag, 1974.
6) 鈴木良次:『生物情報システム論』, 朝倉書店, 1991年.
7) Akoev GN, Ilyinsky OB, Zadan PM: Response of electroreceptors (Ampullae of Lorenzini) of skates to electric and magnetic fields. J comp Physiol A, 106(2), pp.127-136, 1976.
8) Von Arx WS: An electromagnetic method for measuring the velocities of ocean currents from a ship under way. Pap Phys Oceanogr Meteor, 11, pp.1-62, 1950.
9) Klinowska M: Cetacean live stranding dates relate to geomagnetic disturbance. Aquat Mammals, 11, pp.109-119, 1986.
10) Kirschvink JL, Dizon AE, Westphal: Evidence from stranding for geomagnetic sensitivity in cetaceans. J Exp Biol, 120, pp.1-24, 1986.
11) Brewer HB: Some preliminary studies of the effect of a static magnetic field on the life cycle of the Lebistes reticulates (guppy). Biophys J, 28, pp.305-314, 1979.
12) Lowenstam HA: Magnetite in denticle capping in recent chitons. Geol Soc Am Bull, 73, pp.435-438, 1962.
13) Blakemore RP: Magnetotactic bacteria. Science, 190, pp.377-379, 1975.
14) Blakemore RP, Frankel RB, Kalmjin AJ: South-seeking magnetotactic bacteria in the southern hemisphere. Nature, 286, pp.384-385, 1980.
15) Johnsen S, Lohmann KJ: Magnetoreception in animals. Physics Today, 61(3), pp.29-35, 2008.
16) Frankel RB, Blakemore RP, Torres de Araujo FF, Esquival DMS: Magnetostatic bacteria at the geomagnetic equator. Science, 212, pp.1269-1270, 1981.
17) Frankel RB, Blakemore RP: Magnetite and magnetotaxis in microorganisms. Bioelectromagnetics, 10, pp.223-238, 1989.
18) Wiltschko R, Wiltschko W: Magnetic orientation in animals. Zoophysiology, 33, Springer Verlag, 1995.
19) Timmel CR, Till U, Brocklehurst B, McLauchlan KA, Hore P: Effects of weak magnetic fields on free radical recombination reactions. Mol Phys, 95, pp.71-89, 1998.
20) Ritz T, Thalau P, Phillips JB, Wiltschko R, Wiltschko W: Resonance effects indicate a radical-pair mechanism for avian magnetic compass. Nature, 429, pp.177-180, 2004.
21) Ritz T, Adem S, Schulten K: A model for photoreceptor-based magnetoreception in birds. Biophysical Jounal, 78, pp.707-718, 2000.
22) Ahmed M, Galland P, Ritz T, Wiltschko R, Wiltschko W: Magnetic intensity affects cyrptochrome-dependent responses in Arabidopsis thaliana. Planta, 225, pp.615-624, 2007.
23) 日本比較生理生化学会編:『見える光, 見えない光—動物と光のかかわり』, 動物の多様な生き方, 129-132頁, 共立出版, 2009年.

コラム 6
ガウス

　数学者として，またCGS系単位系で使われていた磁束密度の単位〔G〕でお馴染みのカール・フリードリッヒ・ガウスは，1777年にドイツのブラウンシュヴァイク（Braunschweig）で生まれました。父親は貧しいレンガ職人でした。ガウスは数学，物理学，天文学などの分野で幅広い功績を残しております。幼い頃から神童の誉れ高く，数学では天才ぶりを発揮していたそうです。7歳で小学校に入学しましたが数学はすでにマスターしており，校長でさえも数学ではガウスに教えることは何もないと言ったと伝わっています。その後ブラウンシュヴァイク公フェルディナンドからの奨学金や知人の援助を得てギムナジウムで学び，ゲッティンゲン大学に進み，多くの発見や定理の証明を行なっています。数学で有名なものだけでも，「最小自乗法の発見」「定規とコンパスによる正17角形の作図」「代数学の基本定理の証明」などがあります。

　ガウスは天文学にも興味をもっていました。パトロンのブラウンシュヴァイク公が亡くなったあと，探検家アレクサンダー・フォン・フンボルトの推薦で1807年にゲッティンゲンの天文台長になり，多くの研究を成し遂げました。「ガウス式レンズの設計」「双曲幾何学の発見」「楕円関数の惑星の摂動運動への応用」など多くの功績をあげています。

　1828年にはベルリンで開かれた学会でドイツの高名な物理学者ウィルヘム・ウェーバー（Wilhelm Eduard Weber, 1804-1891）と知り合い，1831年にウェーバーをゲッティンゲン大学の物理学教授に推薦しました。ウェーバーとともに地磁気の精密な計測や電磁気に関する研究を行ない，広く電磁気学の発展に多くの貢献をしました。1833年には，ゲッティンゲン市内で電信による実用通信に成功しています。磁束密度の単位であった「ガウス」も，「ガウスの定理」「ガウスの法則」「ガウス単位系」などとともにガウスの電磁気学に対して行なった多くの貢献にちなんだものです。

　CGS系単位はガウスの提唱によって始まりましたが，電磁気学に必要な電荷の概念が欠けていたりしたため，今日では国際的に国際単位（SI）系が使われています。そのため，磁束密度の単位は，ガウスからテスラを使用するようになりました。わが国では，1993年に施行された新計量法においてテスラの使用が定められました。

　電気工学を学ぶ人には，ガウスは地磁気の計測，電磁気理論の発展に寄与したイメージが強いですが，数学者，天文学者として自然科学の発展に貢献して，ゲッティンゲンから外に出ることもなく，1855年に78歳で生涯を終えています。

ガウスが生まれた1777年は，わが国では平賀源内がエレキテルを修復，完成させた頃です。また，亡くなった1855年は，遠山の金さんのモデルとして知られる遠山景元（寛永5年－安政2年，1793-1855）が世を去り，安政の大地震が発生した年でもあります。

◆ 参考文献
ガイ・ダニングトン：『ガウスの生涯 ―科学の王者』，銀林浩・小島穀男・田中勇訳，東京図書，1976年．

生誕地ブラウンシュヴァイクにある
ガウスの記念碑
（1880年，フリッツ・シャッパー製作）
（2010年3月9日世森啓之氏撮影）

ドイツの10マルク紙幣
（1998年末まで流通）

第7章

低周波電磁波を巡る

　ファラデーの電磁誘導の発見やマックスウェルによる電磁波の理論的な予測などにより，19世紀以降は動電気の時代になりました。とくに，19世紀後半から20世紀初頭は，無線通信，電話の発明，電気を送る送電技術が実用化された時代です。1891年には，最初の三相交流による電力送電が試験的に行なわれ，次第に大規模な送配電技術が確立していきました。

　一方，生物は，地球表面のあらゆる環境条件に適合して生活しており，地磁気もそのような環境条件のひとつであることが次第にわかってきました。とくに，20世紀後半から，地磁気が生物の行動を制御しているのではないかとの証拠がみられるようになってきました。自然の低周波電磁波，送配電線にみられるような人工的な電磁波と生物や人とのかかわり合いについての一端を紹介します。

7.1　地磁気とミツバチとウシ

　2009年，『ハチはなぜ大量死したのか』いう本が評判になりました[1]。序章の書き出しに，「巣箱という巣箱を開けても働きバチはいない。残されたのは女王バチと幼虫そして大量のハチミツ。06年秋，北半球4分の1のハチが消えた。」とあります。このハチが消える現象は蜂群崩壊症候群（Colony Collapse Disorder, CCD）とよばれており，ミツバチが消えた原因のひとつは携帯電話の電磁波にミツバチがさらされたからではないかと，電磁波との関連が取り上げられています。図7.1の切手は，欧米で激減しているミツバチを取り上げて環境保護を宣伝することを目的としてドイツで発行されたものです。

図 7.1　ミツバチ（ドイツ切手，2010 年）

『ハチはなぜ大量死したのか』から，携帯電話の電磁波とミツバチが消えた関係を述べている個所を引用すると，

> 携帯電話から発せられる電磁波放射線が，ミチバチの触角や脳を微妙に狂わせ，ナビゲーション能力に影響を与える。巣から飛び立った蜂は混乱をきたし，GPSユニットが停止して，農畜産物の大集散地であるノースダコダのファーゴあたりまで行ってガス欠してしまう…。

しかし，『ハチはなぜ大量死したのか』に引用されているもともとの研究論文は，「電磁波放射線へのばく露はミツバチに行動変化を生じさせるか」というタイトルで，携帯電話とミツバチについての研究ではありません。

> コードレス電話の送信機が組み込まれている台を実験用の巣箱の半分の底につっこんで，電源を入れてみたのだ。
> 結局，送信機からの電磁波送電線に曝露された蜂は，そうでない巣箱の蜂よりも巣板の生産量が21パーセント少なかった。
> 二つめの実験では，研究者たちは四つのコロニー（二つは送信機の入ったコロニー，二つは通常のコロニー）からそれぞれ25匹ずつ蜂を選んで，巣から800m離れたところで，放し，45分以内に何匹の蜂が巣に戻るかを調べた。通常の巣箱からの蜂は，それぞれ16匹と17匹が時間内に戻り，平均帰巣時間は12分だった。電磁波放射線に曝露した片方の巣へは6匹

が戻り，巣に戻るには平均20分かかった。もう片方の巣に戻った蜂はゼロだった。

しかし，

送信機を直接巣の中に入れた実験結果と遠く離れた場所から飛んでくる携帯電話の電磁波放射線の影響とを結びつけるのは，はなはだしい飛躍といえるであろう。

このような指摘に対して，研究者たちは，次のように述べています。

私たちの実験でCCDの現象自体を説明することはできないし，憶測に関わるようなこともしたくない。

2011年に，スイス連邦工科大学，ローザンヌ校のファブレ博士（Daniel Farve）が，携帯電話からの電磁波がミツバチの行動に与える影響を調べた研究結果を報告しています[2]。この研究のために用いた指標は，巣箱の中で働きバチが発する振動，ワーカー・パイピング（Worker piping）です。ワーカー・パイピングは働きバチが単発的に，また断続的に発している200-600Hzで数百msの音のことです。電磁波の影響を調べるために用いたのは，2種類の携帯電話で，周波数が900MHz，単位質量あたりに組織が吸収するエネルギー量，比吸収率（Specific Absorption Ratio, SAR）が2W/kg以下になるようにしました。携帯電話を巣箱に固定していないときのワーカー・パイピング，携帯電話を巣箱に固定しているがスイッチを入れていないときのワーカー・パイピングと携帯電話のスイッチを入れたときのワーカー・パイピングとの比較を行なって，電磁波の影響を調べました。その結果，巣箱に固定して携帯電話のスイッチを入れると，スイッチを入れてから25-40分でワーカー・パイピングの変化が観察されています。このような結果から，ミツバチは携帯電話の電磁波に敏感であると述べています。ファブレは，普段，携帯電話が発生する電磁波の近くにミツバチが住んでいることはないので，さらに巣箱と携帯電話の距離を

さまざまに変えてワーカー・パイピングの変化を調べていくことが必要と述べています。また，ファブレによると，携帯電話，携帯電話基地局などが巣箱の近くにある場合，ミツバチの行動，ナビゲーションが邪魔されていることを示す報告がみられるとのことです。

　ここ10年ほどで，世界中に携帯電話が急速に普及してきています。ミツバチが引き起こすCCDの原因に，携帯電話から放射される電磁波が関係しているのでしょうか。携帯電話から発する電磁波が人や動植物に与える影響については，現在，世界中で多くの研究が進められています。

　話を送電線から発生する電磁波に進めます。1970年代から1990年代にかけてアメリカを中心に送電線建設に反対する運動が広がりました。その反対運動の理由は，送電線を建設すると環境が破壊される，また送電線から発生する電磁波が周辺の生態系に影響を及ぼす，さらに人の健康への悪影響が懸念されるなどでした。そのため，まず，送電線から発生する電磁波が送電線直下，周辺の農作物や家畜にどのように影響するかが調べ始められました[3]。アメリカでは電磁波の影響は環境問題のひとつとして取り上げられ，送電線下に放牧されている馬や乳牛の行動，搾乳量の変化など，送電線周辺に巣箱を構えているミツバチの帰巣行動，蜜蝋の生産力などへの影響が明らかになりました（図7.2）[4]。1980年代に，アメリカのボンネビル電力庁（Bonneville Power Administration, BPA）や電力研究所（Electric Power Research Institute, EPRI）が中心となって研究を進め，BPAが1,200kVの試験送電線，EPRIが765kV送電線が対象になっています。このような送電線の下に置かれた木製の巣箱の中のミツバチ

図7.2　1200kV試験線でのミツバチ実験[4]

のコロニーは，送電線による電界で影響を受けることが確認されました。それは静電誘導によってミツバチの巣箱に電流が誘導されることが原因であるとされました。その結果，BPAなどでは送電線下に巣箱を置かないように勧めていたようですし，巣箱を金網で覆って接地をとれば巣箱へのショックが和らぎミツバチの行動に影響はみられないことが実験的に確かめられました[5-7]。

ミュンヘン大学教授のカール・リッター・フォン・フリッシュ（Karl Ritter von Frisch, 1886-1982）は，ミツバチどうしのコミュニケーション手段に「8」の字ダンス（尻振りダンス，Figure-eight dance, waggle dance）を用いていることを見いだし，オックスフォード大学教授ティンバーゲン（Nikolaas Tinbergen, 1907-1988），ならびにマックス・プランク研究所教授ローレンツ（Konrad Zacharias Lorenz, 1903-1989）とともに「個体的および社会的行動様式の組織化と誘発に関する発見」で動物行動学の創設に寄与した功績により，1973年度のノーベル生理学・医学賞が授与されています。ミツバチは，エサのある方向と距離を仲間に知らせるため，巣で独特の尻振りダンスを踊ることはよく知られています。すなわち，エサ場が巣の近くにある場合（100mくらいまで）には，垂直の巣面で単純にぐるぐる丸く円を描く尻振りダンスをし，エサ場が遠方にある場合には，「8」の字型の尻振りダンスを踊ります[8]。また，エサ場がより近くにある場合に丸く円を描くダンスは「8」の字ダンスの短縮版であることがわかっています。エサ場が太陽と同じ方向にある場合は，ダンスの向きは巣面の上に向かい，エサ場が太陽と反対の方向にある場合には下向きになります。ダンスの直線部分は，エサ場のある場所と太陽の方向とのあいだの角度を重力との角度に変換して示し，踊る速さはエサ場までの距離を示しています。

ドイツ，ブルツブルグ大学のリンダウ博士（Matin Lindau）は，ミツバチどうしのコミュニケーションである尻振りダンスが地磁気の影響を受けることを明らかにしました[9]。ミツバチの巣を水平にして，外部から加わる磁界の強さをいろいろ変えてみると，磁界がない場合に比べて，磁界が強いほど東西南北を示す直線運動の方向性が強められるとのことです。

さらに，アメリカ，プリンストン大学のグールド博士（James Gould）は，ミツバチの腹には横方向に強く磁化されたマグネタイトがあることを明らかに

しました[10]。このようなマグネタイトは蛹から成虫に成長するあいだに形成され，地磁気の方向に磁化されたものと考えられています。ミツバチはこのマグネタイトを地磁気のセンサとして使用し，雲で太陽がみえないときに飛行する方向を検出していると考えられますが，その角度は10^{-7}T-10^{-9}T程度の磁気によって影響を受けるそうです。

　150年ほど前に，ロシアの動物学者アレクサンダー・フォン・ミッデンドルフ（Alexander Theodor von Middendorf, 1815-1894）が，鳥が渡りをする際，子午線（Magnetic meridian）に沿って方向づけすること，すなわち磁気コンパスを用いて方角を導き出す可能性があることを述べています[11]。その後，多くの実験が行なわれ，鳥は磁気コンパスをもっている十分な証拠があるということで意見の一致がみられるようになってきました。たとえば，体に小さな電波発信機を取りつけた伝書バトを巣から100-150km離れた地点で放ち，巣に戻る経路を追跡していくと，ハトは放たれてから数分間は飛ぶべき方向の選択に迷いますが，やがて正確に自分の巣の方向を選び出します。しかし，地磁気の異常地帯では方向の選択を誤りました。また，ハトの眼に曇ったコンタクトレンズを付けると巣を探せないことから，巣の近くでは特徴のある地形を目視によって確認することがわかっています。さらに，ハトの頭に小さな磁石を付けて放つと，晴天日には正確に巣にもどりますが，曇天には帰れないハトが多くなるという興味深い実験が行なわれています。これは，ハトは晴天には太陽コンパスを利用しますが，曇天には地磁気を感知して飛行の方向づけを行なっていることが考えられ，ハトが地磁気と同程度の磁界を感知することがわかります。そのための磁気コンパスはマグネタイトが考えられ，ハトの体内の鉄タンパクから生成されたものと考えられています。

　フォン・ミッデンドルフが鳥の帰巣行動は動物のもっている磁気感覚によるものではないかという考えを発表して以来，非常に多くの研究が行なわれてきました。鳥がどのように渡りをするかについては，イギリス，マンチェスター大学のロビン・ベーカー（Robin Baker）が『鳥の渡りの謎』[12]という本を著わしています。同書は，鳥が渡りをするときに用いる太陽コンパス，磁気コンパス，また夜の渡りで手がかりと考えられる星コンパスなどについて，多くの事例を科学的なデータにもとづいて整理しています。

鳥の渡りやミツバチの尻振りダンスなどでみられるように，地球上で進化してきた生物にとって地磁気は，日々の活動にとって重要なキーワードのようです。2008年，ドイツのデュイスブルグ-エッセン大学の動物学者ビーガル博士（Sabine Begall）は，『アメリカ科学アカデミー紀要』誌に，「グーグルアース」(Google Earth) の空撮画像を使って，ウシ（*Bos primigenius*），アカシカ（*Cervus elaphus*），ノロジカ（*Capreolus capreolus*）などの偶蹄目の動物の行動を調べてみると，非常に興味ある行動を取っていることが観察されると報告しました[13]。コンピュータによる画像で動物の向きを調べてみると，草を食んだり，休息したりするときに体を南北（N-S）方向に向ける傾向があること，ノロジカでは頭を北に向けて草を食んだり，休息しており，このような行動を牧夫，牧童やハンターなどは気づいていないようであることを述べています。さらに，体の向きをある方向に向かせるのは地磁気が関係しているのではないかとの仮説を設けて，地磁気の偏角が大きい場所でのウシの体の向きを解析してみると，体の向きが地磁気の方向に沿うような習性があり，野生のシカでこの習性が強く，家畜になるにつれて薄れていくことを報告しています。

　このように，体の向きを地磁気の南北に沿わせる習性のある動物が，商用周波数（50/60Hz）の磁界を発生させる送電線の周辺ではどのような行動を取るのであろうかとの疑問をビーガルは抱いて，送電線周辺での動物の行動を明らかにしています[14]。送電線周辺での行動の調査にあたっては，ベルギー，ドイツ，イギリス，オランダを中心に2,565頭のウシ，チェコでは2,565頭のシカを対象にしています。これら偶蹄目の動物の体の向きについても「グーグルアース」の空撮画像を用いて分析しています。その結果，送電線から150m以内ではウシが草を食んでいる方向はランダムになり，送電線から500m離れると南北の方向を向いて食んでいる結果が得られています。野生のシカも同様な傾向がみられ，送電線から50m以内では食んでいる向きがランダムになっている結果が得られています。送電線のない地域では，偶蹄目の動物は自分の体を地磁気の南北方向に向ける傾向がありますが，送電線が近くにあると，体の向きはランダムになり，特定の方向に整列する行動はみられなくなりました。

　地磁気が生き物の行動を制御している可能性を示す報告が，近年多くなっています[11]。エサを求めて自由に飛び回っているミツバチ，草原で草を食んで

いるウシやシカなどの動物も，地磁気の影響を受けていると考えられるようになってきました。また，人の行動も地磁気の制約を受けているのでしょうか。人の脳内にマグネタイトがあることも報告されています[15]。このような動物や人の磁気感覚についての多くの実験から磁気受容のメカニズムが近い将来明らかになることが期待されます。

7.2　送電線との調和

　1891年，ドイツのフランクフルト・アム・マインで開催された万国電気博覧会で，三相交流による電気の送電が試験的に行なわれました[16]。その試験は，フランクフルトから110マイル（約175km）ほど離れたネッカー川に面した小さな町ラウフェン（Lauffen）の水力発電所から博覧会会場に電気を送るものでした。水力発電所はラウフェンの滝を利用したもので，発電用のタービンをセメント工場に設置しました。タービンは300馬力で，これにより周波数40Hz，出力電圧55V，相電流1,400A，出力はほぼ200kWで発電され，この電圧を変圧器により8,500Vに昇圧して，博覧会会場に電気を送りました。このとき，送電用の電線は直径4mmの銅線，3線を使用しています。電信用のポスト，3,000本を送電用の柱として使用し，絶縁には磁器碍子を用いています。博覧会会場では，送られてきた電気を65Vに降圧して，照明用のランプやモータを動かすために使用されました。この交流による試験的な送電システムの送電効率は74％と非常に高く，三相交流による長距離送電の実用性に対して高い評価が得られたことが報告されました。

　この試験の結果が非常によかったことから，その後，三相交流による送電システムが建設されるようになりました。とくに，カナダとアメリカにまたがるナイアガラ瀑布を利用した水力発電所の建設には，フランクフルト万国電気博覧会で採用された送電方式が影響を与え，長距離の電力送電が実用化されました。この三相交流による電気の送電が試験的に行なわれてからちょうど100年が経過した1991年に，ドイツから三相交流による電力送電100年記念の切手が発行されています（図7.3）。

　時代が変わって1960年代冷戦時，ソ連の研究者は変電所で働く作業者に不

図7.3　三相交流送電100年（ドイツ切手，1991年）

定愁訴がみられることを発表していましたが，その概要が西欧諸国の研究者に明らかになったのは，1972年にパリで開催された国際大電力システム会議（CIGRE）でした[17]。500kV，ならびに700kVの開閉所で働いている250人の作業員の健康状態を調べたところ，とくに感電などのショックを防護する防具を装着せずに長く働いていると，中枢神経，心臓や血管系などが損なわれ，若者では性欲減退がみられることが報告されました。電界中で長く作業するとこのような状況が増加する傾向があるとのことでした。

この報告に対しては，西欧諸国の研究者から，研究に対するコントロールがされていないのではとの疑問が出され，ソ連の結果を再確認する取り組みがアメリカ，（西）ドイツ，フランス，カナダなどで行なわれました。その結果，ソ連からの報告でみられる健康への影響を再現することができませんでした。しかし，今振り返ってみると，ソ連からの報告は，電界ばく露による健康への影響を最初に取り上げた意味において重要で意義があったといえます。

歴史的に省てみると，ソ連から発表された有害説，アメリカを中心とした西欧諸国の無害説が交錯しながら，1960年代から1970年代にかけて電界の健康影響についての研究が進められ，研究者間で行なわれていた論争が，次第に多くの注目を浴びるようになりました。

冷戦時代の最中にソ連から報告された電界の健康への有害説に対抗して，西欧諸国がその確認をするために行なった研究のひとつに，ジョンズ・ホプキンス大学教授のカウヴェンホーフェン（William Bennett Kouwenhoven, 1886-1975）を中心として進められた研究があります[18]。この研究グループは，345kV送電線の電界中での活線作業に従事している作業員の健康に及ぼす影

響について調べ，ソ連の有害説に反証を加えようとしました。送電線の活線作業に従事した30-47歳の男性作業員合計11人を，1962年12月から1966年5月まで計42カ月にわたって継続して健康調査を行なっています。その間，期間を区切って5回にわたる健康診断をジョンズ・ホプキンス大学病院で実施しました。

　この定期的に行なった健康診断の結果，電界の影響はみられませんでした。引き続きこれら活線作業に従事している作業員の健康状態を1972年まで合計9年間にわたって追跡調査を行なっています。追跡調査に参加した作業員11人中1人は1967年以降の調査には参加しませんでしたが，カウヴェンホーフェンらは，約9年間の調査から電界が健康に障害をもたらすことはないと結論づけています[19]。この研究を主導したカウヴェンホーフェンは，ニューヨーク州，ブルックリンに生まれ，1920年代から人体への電気ショック，心臓への電気刺激の影響を調べはじめ，電気の人体に対する影響を研究するパイオニアとして知られています。

　また，1973年，オハイオ州の小さな村に住むヤング夫人（Louise Young, 1919-2010）が，『Power over people』（頭上の送電線とでも訳すことができますが）という本を出版しました[20]。本の裏表紙には，ヤング夫人とみられる女性が両方の手に1本ずつ蛍光灯を持ちながら，送電線の直下に立ち，薄暗いなかで蛍光灯が明るく光っている写真が添えられています。その本は，彼女の家族が数世代にわたって住んでいた土地を横切るように高圧送電線を敷設する計画が進められ，建設されようとした1969年から1972年にかけての高圧送電線建設に反対する運動に加わった様子が書かれています。送電線建設反対運動は，1970年代にミネソタ州やニューヨーク州などでも盛んに行なわれました。

　1950年以降アメリカ海軍は，世界規模での潜水艦相互の通信に，商用周波数に近い70-80Hzで運転できる通信システムの構築を目指して，「Sanguine（サンジュイン）プロジェクト」の名前でその計画を立ち上げました。このプロジェクトは，アメリカ，ウィスコンシン州クラム・レイクからミシガン州にまたがる広い土地を利用して，周波数76Hzの通信アンテナを建設して運用するものでした。しかし，施設近くのクラム・レイクに住む人たちが「Sanguineプロジェクト」に反対する運動を起こしました。海軍は通信システムに使う低周波電磁

波は，生物学的に有害な影響はないと主張していましたが，「安全性を検討するための諮問委員会」は海軍に対して生物学的な影響を明らかにすることを諮問しました。1975年には「Sanguineプロジェクト」は規模が縮小，中止され，「Seafarer(シーファーラ)プロジェクト」に変更されました。それでも反対運動は収まらず，「Seafarer極低周波電磁界に関する委員会」が設置され，安全性の議論が行なわれました[21]。1977年にカーター大統領（James Earl Carter）が計画を中止しましたが，1981年にレーガン大統領（Ronald Wilson Reagan, 1911-2004）が計画を復活させクラム・レイクの通信アンテナを運転させることと，ミシガン州に約90kmにおよぶ通信アンテナの建設を進めました。その結果，「Seafarerプロジェクト」計画をさらに小さくした「プロジェクトELF」がスタートしました。それまでと同様に建設に対する反対運動が展開されましたが，次第に反対運動も消え去り，1985年にはクラム・レイクで，1989年にはミシガン州で，ELF施設が操業しました。この間，1970年代から施設周辺の生態系に対する影響もモニタリングが行なわれ，1982年からは電磁波の測定が行なわれました。ELF施設に設置された通信アンテナの長さは全長100kmを超えており，電界強度は0.035-7V/m，磁界の強さは0.01-0.2mTです。約15年に及ぶモニタリングで，その調査対象は生態系を構成している粘菌，コケ類，渡り鳥，ネズミなどの小動物，アカマツ，オーク，アメリカハナノキなどの落葉・腐食状態，付着生物・水生昆虫，両生類や魚などを含んだ水生の生態系，ハキリバチ，ダニやトビムシなどの土壌中の節足動物やミミズなどでありました。モニタリングの結果，種の分布変化，樹木の枯損や生物の消滅など生態系に対する影響が見られなかったことが報告されています[22]。

　「Seafarerプロジェクト」がもち上がっている同時期に，ニューヨーク州の電力会社は，カナダからニューヨーク州に電力をもってくるための765kV送電線の建設を計画しましたが，建設反対運動が激しくなりました。とくに，送電線建設が環境に与える影響，送電線からの電磁波による健康に対する影響を心配する声が大きくなり，公聴会を開催するほどになりました。この公聴会は3年にわたり開催され，3万ページ以上にのぼる証言記録が提出されています。

　この公聴会の結果，送電線の安全性についての電磁界研究プロジェクトを立ち上げることが合意されました。ニューヨーク州の電力会社がこのプロジェク

トを資金的に援助，ニューヨーク州保健省（Department of Health）が監督し，合計50万ドルの研究資金で「ニューヨーク州送電線プロジェクト」として開始されました。同プロジェクトは1981年に発足し，1987年にプロジェクトを総括した報告書がまとめられています[23]。このプロジェクトは7項目のテーマを取り上げ，16の研究グループが参加し，電磁波による人や動物ならびに細胞への影響を明らかにすることを目的としていました。しかし，プロジェクトの研究からは電磁波の健康への影響を懸念する結果は報告されませんでした。

また「ニューヨーク州送電線プロジェクト」が立ち上がる前の1973年に，ノース・ダコタ州のコールクリーク変電所からミネソタ州のディキシントン変電所までの約700kmに，±400kVの直流送電線の建設が計画されました。計画が発表されると，送電電圧が高いこと，また直流送電という時代的には新しい技術を使うことに対して，反対の声があがりました。1975年に，21日間にわたる会議と，23日間の公聴会が開かれ，3,000ページに及ぶ報告書が提出されました。その報告書のなかには，私有地に対する補償，送電線から発生するオゾンが農作物・動物・人に与える影響，送電線下での農作業の安全性，送電線から発生する電磁界の人や動物への直接的な影響などについて，郡・州・電力会社から報告がなかったため，農業従事者が次第に懸念の声をあげていきました。

ミネソタ州は，環境委員会（Minnesota Environmental Quality Board）を設置し，1976年には送電線のルートを認可しましたが，認可にあたってオゾンや農作物へのオゾンの影響を調べること，ミネソタ州保健局（Minnesota Department of Health）に直流と交流の送電線の健康ならびに安全性に対する報告書をまとめることを求めました。しかし，ミネソタ州のグラント（Grant），ミーカー（Meeker），スターンズ（Stearns），トラバース（Traverse），ポープ（Pope）の各郡で，送電線建設に対する反対運動が裁判所を巻き込んで沸き起こりました。運動は法廷外でも大きくなり，農業従事者と電力会社が直接対峙するに至りました。その後1977年に，専門家からなる科学法廷（Science court）が開会され，未解決の問題として，送電線に関係する健康・安全性の問題，農業への影響，送電線の必要性，代替えの可能性，土地の補償などが取り上げられました。同年，ミネソタ州保健局から報告書が提出され[24]，その

報告書のなかで,「直流送電線については,研究は運転の経験が十分ではなく」「極端に限られた情報からは」計画送電線ルート近くに住んでいる人の懸念を払拭できないとしました。同時に,報告書では,空気イオンの問題を解決する必要性が述べられました。建設に反対する人たちの運動はより過激になり,1978年にはさらにエスカレートしましたが,1979年に送電線は商業的な運用に入りました。

送電線建設についてはその立案の段階から建設,行政と事業者と対峙する農業従事者による反対運動が展開されました[24),25)](図7.4)。組織化された反対運動として1978年3月5日の月曜日,8000人以上の人々が集まり,寒い中アメリカ国旗を掲げたトラクターを先頭にした行進(March for Justice)がメディアに取り上げられています。過激な反対運動を起こすことなく,ポープ郡のローリー(Lowry)からグレンウッド(Glenwood)までの約4.5kmをデモンストレーション行進しています。

図7.4 アメリカ,ミネソタ州での送電線建設反対運動[25)]
(University of Minnesota Press, 2003)

一方,ミネソタ州保健局は,送電線下の環境モニタリングプログラムを立ち上げ,そのひとつとしてホルスタイン牛の搾乳量への影響を報告しました。1982年にはミネソタ州環境委員会の公聴会が開かれ,直流送電線の健康への有害な影響はない,空気イオンの長期影響の可能性は小さい,送電線によるホルスタインの生産性への影響はない,通常運定時の送電線線下(Right of Way)における人への電気的なショックはないと考えられる,接地をきちんと取ることで誘導電流や電圧の影響はない,オゾンの人や植物への影響はない,などが報告されるに至りました[26)]。その後,送電線運転に対する抗議は次第

に少なくなりました。その後，嵐などにより鉄塔が倒れる事故がありますが，電気の送電を継続して行なっています。

　ノース・ダコタ-ミネソタ州の送電が始まったころの1979年，疫学者のウェルトハイマー（Nancy Wertheimer, 1927-2007）とリーパー（Edward Leeper）両博士は，アメリカ，コロラド州，デンバー地区を対象にした疫学研究から，送電線近くに住んでいる子供の白血病のリスクが高まることを学術雑誌に発表しました[27]。この結果は，発表されてから数年間は話題にものぼらず，世間の注目を浴びることはありませんでした。

　しかし，先に述べた「ニューヨーク州送電線プロジェクト」には，ウェルトハイマーらが発表した疫学研究の結果が他の研究者によって再現されるかどうかが研究の大きなテーマとして取り上げられました。「ニューヨーク州送電線プロジェクト」で疫学研究を主導したのはノースカロライナ大学（現在はロードアイランド州，ブラウン大学）教授のサビッツ（David Savitz）です。1987年にサビッツの研究グループは，ウェルトハイマーらの結果を再現したことを発表しました[28]。また1990年代に入り，スウェーデン，カロリンスカ研究所のフェイチング（Maria Feychting）らにより，磁界ばく露が健康への悪影響をもたらす懸念を指摘した研究報告が公表され，ウェルトハイマーら以外に，磁界ばく露による健康への懸念について複数の研究者が同じ結果を発表しました。このようにして得られた結果の信憑性を明らかにするために，電界の健康影響についての問題に代わって，研究者の焦点が磁界の健康への影響を明らかにすることに移っていき，世界中で磁界の影響に関する研究が進められるようになりました。

　歴史的には，1960年代以降これまで述べたような経過を経て，1992年にアメリカのエネルギー省（Department of Energy, DOE）や環境健康科学研究所（National Institute of Environmental Health Sciences, NIEHS）が中心となって，電磁波の影響に関しての研究と，一般公衆への電磁波に関する情報伝達を目的とした「電磁界RAPID（ラピッド）プロジェクト」(Electric and Magnetic Fields Research and Public Information Dissemination, RAPID）を５カ年の予定で立ち上げました。

　このプロジェクトは，電磁界へのばく露が人の健康に影響を及ぼすかどう

かを確かめること，人の健康に悪影響があればそれを軽減する技術について研究し，開発，実証すること，および電磁波情報の公衆への伝達などに焦点をおいて進められ，スタートから5年後，最終報告書がアメリカ議会に提出されて，終了しています[29]。また，1996年に世界保健機関（WHO）が「国際電磁界プロジェクト」を立ち上げ，現在に至っています[30]。この間，人への健康影響として磁界ばく露と小児白血病との関連性の可能性を明らかにする研究が注力されました。2001年に行なわれた国際がん研究機関（International Agency for Research on Cancer, IARC）の発がん性評価により，磁界ばく露の健康リスク評価がなされ，磁界は発がんの可能性がある，IARCの発がん性カテゴリーの2Bに分類されました[31]。その後，2007年には世界保健機関から環境保健クライテリアが発刊されています[32]。

◆ 参考文献
1) ローワン・ジェイコブセン：『ハチはなぜ大量死したのか』，92-93頁，中里京子訳，文芸春秋，2009年。
2) Favre D: Mobile phone-induced honeybee worker piping. Apidologie, 42 (3), pp.270-279, 2011.
3) Greenberg B, Kunich JC, Bindokas VP: Effects of high-voltage transmission lines on honeybees, In: Biological effects of extremely low frequency electromagnetic fields. pp.74-84, Edited by Phillips RD, MF Gillis, WT Kaune and DD Mahlum, 1979.
4) Lee JM, Piece KS, Spiering CA, Steams RD, VanGinhoven G: Electrical and biological effects of transmission lines: a review. Bonneville Power Administration, Portland, Oregon.
5) Greenberg B, Bindokas VP, Gauger JR: Biological effects of a 765-kV transmission line: exposures and thresholds in honeybee colonies. Bioelectromagnetics, 2, pp.315-328, 1981.
6) Bindokas VP, Greenberg B: Biological effects of a 765-kV, 60-Hz transmission line on honey bees (Apis mellifera L.): Hemolymph as a possible stress indicator. Bioelectromagnetics, 5, pp.305-314, 1984.
7) Bindokas VP, Gauger JR, Greenberg B: Mechanism of biological effects observed in honey bees (Apis mellifera, L.) hived under extra-high-voltage transmission lines: implication derived from bee exposure to simulated intense electric fields and shocks. Bioelectromagnetics, 9, pp.285-301, 1988.
8) 坂上昭一：『ミツバチの世界』，岩波新書 No.238，岩波書店，1993年。
9) Lindauer M, Martin H: Die schwereorientierung der Bienen unter dem Einfluß der Erdmagnetfeldes. Z vergl Physiol, 60, pp.219-243, 1968.
10) Gould JL: The case for magnetic sensitivity in birds and bees (such as it is).

American Scientist, 68, pp.256-267, 1980.
11) Wiltschko R, Wiltschko W: Magnetic orientation in animals. Zoophysiology, 33, Springer Verlag, 1995.
12) ロビン・ベーカー:『鳥の渡りの謎』,網野ゆき子訳,平凡社,1994年。
13) Begall S, Červený J,Neef J, Vojtěch O, Burda H: Magnetic alignment in grazing and resting cattle and deer. Proceedings of the National Academy of Sciences of the United States of America, 105, pp.13451-13455, 2008.
14) Burda H, Begall S, Červený J, Neef J, Němec P: Extremely low-frequency electromagnetic fields disrupt magnetic alignment of ruminants. Proceedings of the National Academy of Sciences of the United States of America, 106, pp.5708-5713, 2009.
15) Kirschvink JL, Kobayashi-Kirschvink A, Diaz-Ricci JC, Kirschvink SJ: Magnetite in human tissues: A mechanism for the biological effects of weak ELF magnetic fields. Bioelectromagnetics, 1 (Suppl), pp.101-113, 1992.
16) Fleming JA: Fifty years of electricity. pp.238-239, The Wireless Press, Ltd, London, 1921.
17) Korobkoba VP, Morozov YuA, Stolarov MD, Yazkub YuA: Influence of the electric field in 500 and 750 kV switchyards on maintenance staff and means for its protection. CIGERE Session 23-06, Paris, 1972.
18) Kouwenhoven WB, Langworthy OR, Singewald ML, Knickerbocker GG: Medical evaluation of man working in AC electric fields. IEEE PAS, 86, pp.506-511, 1967.
19) Singewald ML, Langworthy OR, Kouwenhoven WB: Medical follow-up study of high voltage linemen working in AC electric fields. IEEE PAS, 92, pp.1307-1309, 1973.
20) Young LB: Power over People. Oxford University Press, 1973, 2nd, 1992.
21) The National Research Council: Biological Effects of Electric and Magnetic Fields associated with Proposed Project Seafarer, 1977.
22) Committee to evaluate the U.S.Navy's extremely low frequency communications system ecological monitoring program: An evaluation of the U.S.Navy's extremely low frequency communications system ecological monitoring program. National Research Council, 1997.
23) Ahlbom A, Albert EN, Fraser-Smith AC, Grodzinsky AJ, Marron MT, Martin AO, Persinger MA, Shelanski ML, Wolpow ER: Biological effects of power line fields, New York State Power Lines Project Scientific Advisory Panel Final Report, 1987.
24) Mains S: The Minnesota power-line wars. IEEE Spectrum, 20, pp.56-62, 1983.
25) Wellstone P, Casper BM: Powerline –The First Battle of America's Energy War. University of Minnesota press, 2003.
26) Banks RS, Kanniainen CM, Clark RD: Public health and safety effects of high-voltage overhead transmission lines- An analysis for the Minnesota Environmental Quality Board, Minnesota Department of Health, 1977.
27) Wertheimer N, Ed Leeper: Electrical wiring configurations and childhood cancer. American Journal of Epidemiology, 109, pp.273-284, 1979.

28) Savitz DA, Wachtel H, Barnes FA, John EM, Tvrdik JG: Case-control study of child- hood cancer and exposure to 60-Hz magnetic fields. American Journal of Epidemiology, 128, pp.21-38, 1988.
29) 重光司・山崎健一：「低周波電磁界の影響を考える―米国EMF-RAPID計画の終了報告書について―」,『日本応用磁気学会誌』, 第24巻, 1043-1049頁, 2000年。
30) WHO: http://www.who.int/peh-emf/（平成25年3月29日確認）
31) International Agency for Research on Cancer: Static and Extremely low-frequency (ELF) electric and magnetic fields. IARC Monograph on the evaluation of carcinogenic risks to humans, 80, 2002.
32) 環境省：『超低周波電磁界』, WHO環境保健クライテリア No.238, 環境省訳.（http://env.go.jp/chemi/electric/material/ehc238_j.pdf）（平成25年3月29日確認）

コラム 7
テスラ

　磁束密度の単位としてお馴染みのテスラ〔T〕に名前を残しているニコラ・テスラ（Nikola Tesla, 1856-1943）は，ハンガリー王国（現在のクロアチア西部）のスミリャン村（Smiljan）で，ガウスが亡くなった次の年に生まれています。父母はセルビア人で，父親はセルビア正教会の司祭でした。テスラは勉学に励み，オーストリア帝国グラーツのポリテクニック・スクール（現グラーツ工科大学）在学中の1880年に，交流電磁誘導の原理を発見しました。テスラは，1881年にハンガリー，ブダペストの国営中央電信局に就職しましたが，翌年パリにあるエジソン電話会社の子会社で仕事をするために渡仏しています。このパリにいるあいだ，仕事の合間をぬって交流の誘導モータの実験を行なっています。1884年にアメリカに渡り，エジソンの会社に就職しました。しかし，憧れのエジソンは直流による電力事業を展開していたために，交流による電力事業を提案したテスラはエジソンと対立し，会社を去ることになります。1887年にテスラは自らテスラ電灯会社を設立しました。交流電流による電力事業を推進し，ナイアガラ瀑布を利用した発電には交流の発電機が使われるようになり，1895年にニューヨーク州，バッファローに電気を送っています。
　テスラの発明したものは，交流発電機，高電圧変圧器，無線送信機，点火プラグなど現在でも電力事業やいろいろな分野で基幹をなしているものが多くあります。1915年にはテスラがエジソンと一緒にノーベル物理学賞の候補に推薦されたというニュースが巷を賑わせました。しかし，テスラ，エジソンともに受賞していません。その後テスラは，1937年にノーベル物理学賞の候補に推薦されていたことが明らかになっています。ノーベル賞は受賞しませんでしたが，テスラは電気に直結した数多くの発明を行なっています。現在，私達が電気文明がもたらす利器を十分に享受できるのはニコラ・テスラのおかげかもしれません。なお，『トム・ソーヤの冒険』の作者マーク・トウェイン（Mark Twain, 1835-1910）は，テスラの友人として知られています。
　テスラが生まれた1856年頃の日本は，列強諸国に和親条約，修好通商条約の締結，調印を迫られていた時代で，第2章で紹介したように象山は松代で蟄居していました。
　今日，テスラは磁束密度の国際単位系（SI単位）に名前を残しています。磁束密度の単位として，テスラ（Tesla：T）として表記されています。1960年に国際単位系の導入に際して，CGS系の単位，ガウス〔G〕から置き換えられた以降に使われるよ

うになりました。

　写真は，1921年にニュージャージー州のニューブラウンシュヴィック無線局，RCA（Radio Corporation of America）の大洋横断局を訪問したときのものです。テスラとアインシュタインならびにスタインメッツが一緒に写っています。前列中央は56歳のスタインメッツ（Charles Proteus Steinmetz, 1865-1923）で，その左横は42歳のアインシュタイン（Albert Einstein, 1879-1955），後列中央で髭をはやしているのが65歳のテスラです。

　この当時，テスラはマルコーニとの無線通信に関するアメリカでの特許論争の真っただ中でした。無線通信の生みの親がテスラであると判断が下されたのは，テスラの死後のことです。一般には，無線通信の生みの親はマルコーニといわれています。また，スタインメッツは複素交流回路理論を組み立てました。

◆ 参考文献

1）マーガレット・チェニー：『テスラ―発明王エジソンを超えた偉才―』，鈴木豊雄訳，工作舎，1997年．
2）http://www.franklintwp.org/photoarchive/photodb/nhetl5zcis8jiz764pvxr3x8q2q2m9t5.asp
　（平成25年4月17日確認）

1921年，ニュージャージー州のニューブラウンシュヴィック無線局，RCAの大洋横断局を訪問したときのテスラ，アインシュタインならびにスタインメッツ[2]。

1993年に旧ユーゴスラビアで発行された100億ディナール紙幣に描かれたニコラ・テスラ。

第8章

高周波電磁波をたどる

　前章では，2つほどの話題を取り上げて低周波電磁波と人や動物とのかかわり合いについて紹介しました。さて，19世紀後半にテスラやダルソンバールによって高周波電磁波の発生技術が発明され，20世紀に入ってからはヘルツやマルコーニによって通信技術が急速に進展しました。1920年にはアメリカでラジオ放送が始まっています。今日の情報化社会は，電気とテクノロジーの融合が絶えず進められている時代です。今では電子メールが普及し，パソコン，携帯電話，モバイル端末などによって個人どうしが互いに直接情報のやり取りを行なっています。ここでは高周波電磁波をたどるとして，このような電気とテクノロジーが融合するまでに人がどのように高周波電磁波とかかわってきたかの一端を紹介します。

8.1　アレニウスと高周波電流

　1911年に北アイルランドのベルファストで造られ，進水した豪華客船タイタニック号が多くの船客と船員を乗せて，イギリスのサウサンプトン港を出航しアメリカのニューヨークに向けて処女航海に出たのは，1912年4月10日のことでした。図8.1は2011年のタイタニック号進水100周年記念に用いられたものでサウサンプトン出航（港）のタイタニック号が撮られています。出航後，流氷原があるとの警告を受けていたはずなのに，4月15日早朝，アメリカ，マサチューセッツ州ボストンの東1,610km，ニューファンドランド，セントジョーンズ沖約600kmで，不沈の豪華客船とよばれた約46,000tのタイタニック号が氷山に衝突して沈没しました。船客および船員2,200人のうち，生存者

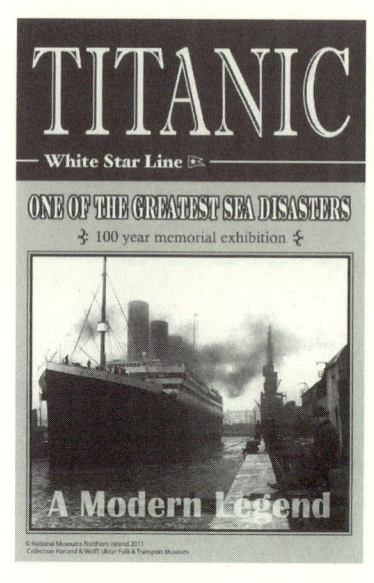

図 8.1　タイタニック進水 100 周年記念（©National Museums Northern Ireland 2011）

は700人という歴史上最悪の大海難事故です。

　タイタニック号の海難事故では，タイタニック号の電信技師は最初，救援信号のCQD（著者注，Come Quick Distress（早く来て，遭難した）の略でSOSの前身の国際遭難信号）を最寄りのマルコーニ無線基地に打電しました。しかし，ただちに救援信号は打電しやすいSOSに代わっています。歴史的には，これが救援信号としてSOSが初めて打電された瞬間です。この海難救助にはマルコーニ（Guglielmo Marconi, 1874-1937）が発明した無線通信が大活躍をしました。救援信号のCQDはマルコーニによって提案されていましたが，打電しやすいSOSに取って代わったため，CQDは長くは使われませんでした。

　偶然にもマルコーニは，タイタニック号に乗船する手はずを取っていましたが，仕事の都合で3日前に出航したルシタニア号に乗船していました。また，タイタニック号に乗船するはずであったマルコーニの夫人と子供は，子供の病気で乗船をやめています[1]。

　皮肉なことに，タイタニック号が沈没したのは，マルコーニが大西洋横断無線通信に成功したニューファンドランドの沖合でした。また，タイタニック号

が沈没してから約50年後の1963年に，人工衛星を用いて太平洋をまたいだアメリカと日本のあいだでの衛星テレビ中継の実用化試験が行なわれましたが，最初に飛び込んできたテレビ中継のニュースはアメリカ，テキサス州ダラスにおけるケネディ大統領（John Fitzgerald Kennedy, 1917-1963）の暗殺事件でありました。

　タイタニック号が氷山に衝突して沈没した翌日1912年4月16日の「ニューヨーク・トリビューン」紙には，タイタニック号の海難事故を伝える記事を大きく掲載したのではないかと連想されますが，手元に同日付けの紙面の一部を切り抜いたコピーがあります。大学時代の恩師，北海道大学教授の松本伍良がアメリカ出張中に宿泊したホテルで偶然目に留めた記事で，恩師の手書きで「New York Tribune Apr. 16th. 1912年"タイタニックが沈没した翌日の新聞記事"」とのメモがコピーに添え書きされています。これは，タイトル"Electricity aids children—Experiments prove it promotes bodily growth and intelligence"というパリ発の記事です。記事の内容は，スウェーデンの科学者アレニウスが，子供の成長に対する電気の効果を調べた結果を発表したものです。記事は短いので，全文を翻訳しますと次のようになります。

　　パリ，4月5日発—スウェーデンの科学者，アレニウス教授が，ストックホルムで，人間の体の成長に及ぼす電気の影響に関して興味ある実験を行なった。
　　ル・マタンによれば，年齢，健康，体重，身長，知性ともに同じような50人の2組の子供のグループがスウェーデンの公共の学校から選ばれた。1つのグループは電気設備を備え，壁，床，天井から高い電流をワイヤーから空気中に放射している部屋で勉強した。もう1つのグループは，普通の教室で勉強した。実験に選ばれた子供も先生も，実験が行なわれていることは知らなかった。6カ月後，電流が空気中に流れている環境で過ごした子供は，もう1つのグループより平均として3/4インチ背が伸びた。また知性も著しく発達し，競争試験では決定的な差をつけた。電流が流されている環境で過ごした先生は，疲労に対する抵抗力が増したと断言した。

この実験を行なったストックホルム大学教授のアレニウス（Svante A. Arrhenius, 1859-1927）は，物理化学の分野で著名な化学者であり，「電解質溶液理論の研究」で1903年にノーベル化学賞が授与されています（図8.2）。この年には，「放射能の発見と研究」により，ピエール・キュリー（Pierre Curie, 1859-1906），マリー・キュリー（Marie Curie, 1867-1934）夫妻ならびにベクレル（Antoine Henri Becquerel, 1852-1908）がノーベル物理学賞を受賞しています。
　この記事が掲載されているすぐ下には，手元のコピーからは全文を読み取ることができませんが，ロンドンからの4月6日発，「シベリア横断旅行」鉄道報告書として日本・中国へ，また日本・中国からシベリア横断鉄道を利用する旅行者が著しく増加しているという記事があります。1912年は，明治天皇（嘉永5年－明治45年, 1852-1912）が崩御し，石川啄木（明治19年－明治45年, 1886-1912）が26歳で亡くなった年です。

図8.2　アレニウス生誕100年（スウェーデン切手，1959年）

　恩師からいただいた新聞記事のコピーからは実験の詳細を読み取ることはできませんが，この記事が掲載された同じ月の科学雑誌『サイエンティフィック・アメリカン』（1912年4月13日号）に，医学博士ジョン・ヒューバー（John Huber）が同実験に批判的な評論を載せています[2]。
　その記事のタイトルは "Arrhenius and his electrified children — a new use for high-frequency currents" です。前述の新聞記事の切抜きコピーからは，子供に電気を加えその成長がよかったことしか理解できませんが，『サイエンティフィック・アメリカン』誌の記事をみると，子供に高周波電流を加えて子

供への影響を実証するために行なった実験だったようです。同記事では，「アレニウス教授によると，高周波電流は，「子供の身体的・心理的な成長を信じられないほど加速し，成長をほぼ倍増させ，学習能力を大いに高める」」と述べています。

また，『サイエンティフィック・アメリカン』誌では，「実験の6カ月後，電気的に帯電した子供は平均51mm伸び，帯電していない子供は平均31mmの身長の伸びであった。また成績は，20点満点に対して，磁化した子供（Magnetized children）の成績は平均18.4点，15人の子供は満点，磁化されていない子供（Unmagnetized children）は平均15点で，満点は9人の子供に過ぎなかった」。さらに，「実験は，さらに大規模になっていき，その結果が検証されたら，発達が遅れた子供を助けるためにただちに応用できると考えられる」と言及しています。

ヒューバーは記事のなかで，いくつかの疑問を述べています。それは，「ストックホルムの子供は，体重は増えたのであろうか（高周波電流の生理的な反応として，体重は減少するものである），高周波電流によって過度に体温を上昇させることはあさはかなことではないのか，酸化させすぎることはないのか，このようなことを駆り立てるような燃焼は体を余りにも早く燃えつかせてしまうのではないのか，不自然な刺激に対していつか代償を払うことになるのではないのか，生物学者は子供の帯電（Electrification of children）をどのように考えればいいのか」などです。

さらにヒューバーは，「電気を流して子供を帯電させるのは，普通の人々に純粋な酸素をドーピング（Doping）するのに似ておろかであり，酸素が健康に適しているとされるのは，生物（Living creatures）が数世代にわたって長年馴染んできた大気，窒素との混合物（著者注，窒素と酸素との割合が4対1）の状況のみに限られる。現在のわれわれにとって望ましいのは，自然に適した男・女・子供（Creatures）であり，巨大な生物，マストドン，魚竜は彼らが生息した地質年代に都合がいいものであったとし，一方，将来，数十億年後には，スーパーマン（Supermen）やスーパーウーマン（Superwomen）に適した条件ができるかもしれない。しかし，これは数カ月，数年で起こることではなく，数千年，数万年を経てからのちに起こり得るのかもしれないし，遺伝学の高貴

な科学でもってしても，このプロセスを無理強いすることはできない」と指摘しています。

イギリスのSF作家，ウェルズ（Herbert George Wells, 1866-1946）が1904年に書いた代表的なSF小説『神々の糧』(The Food of the Gods)[3)]を取り上げて，ヒューバーは記事を終えています。このSF小説は，家畜の成長を異常に促進させる物質，「ヘラクレオフォービア」をエサとして与えられ飼育されると，ヒヨコ，スズメバチ，鼠が巨大な生物に成長していき，棲み処が失われます。赤ん坊も同じ成長促進剤を食べさせられ，次第に大きく成長し，20年後には40フィートを超える巨大な人間となり，普通の大きさの人間と対峙するという話です。

ヒューバーは，『サイエンティフィック・アメリカン』誌において，何をいおうとしているのでしょうか。生体の活動は電気現象であり，ガルバーニ，ボルタの動物電気，金属電気の議論をきっかけとして，19世紀から20世紀にかけて，生体の電気現象について多くの新発見がなされました。その流れのなかで，ダルソンバールをはじめとする科学者によって高周波電流の医療利用についての研究が進められ，電気エネルギーを用いて人体を操作できる可能性が注目され，さまざまな治療方法が計画，実施されてきました。しかし，電気エネルギーの治療効果すべてが検証され科学的に明らかになったのではなく，多くの過ちや予期せぬ結果を生んできたのではないかと思われます。そのようななかで，物理化学が専門であり，ノーベル化学賞を授与されたアレニウスが，子供を実験に使い高周波電流を6カ月間加えることで成長，学習能力が改善されると発表したことに対して，ヒューバーは「自然の摂理をわきまえるとこのような結果は慎重に取り扱わなければならない」と指摘したのではないでしょうか。

ここで用いたのはダルソンバールの高周波電流で，振動しているコンデンサーで放電し，毎秒数百万回まで急速に交代する電流です。

当時，高周波電流による治療的な価値を高める装置が創案，発明されています。とくに有名なのは，フランスの医師，物理学者のダルソンバール（Jacques-Arsène d'Arsonval, 1851-1940）の高周波振動子，ニコラ・テスラが設計・製作したテスラの共振変圧器，テスラコイルなどであり，のちにテスラの変圧器は治療用の共振器として応用されました。

アレニウスの実験は，子供たちを大きなカゴの中に入れ，カゴをワイヤーで囲って電気を流すというものです。ワイヤーにダルソンバールの高周波電流を通電するような装置を使ったと考えられます。そのような装置をイメージ的に示したのが，図8.3にあるような高周波電流によるカゴ型の装置です[4]。

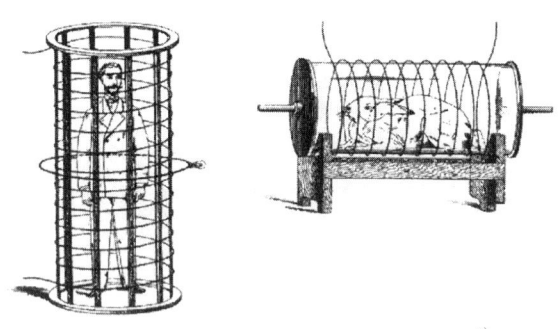

図 8.3　ダルソンバールの高周波電流ケージ[4]

　ともあれ，1912年に，子供に電気刺激を与えるという実験が行なわれていたこと，それを行なった研究者がアレニウスであったことに驚かされます。この実験は，19世紀後半から20世紀初頭に人が電磁波というギリシャ神話の「プロメテウスの火」を手に入れ，電磁波による技術開発という神話にとりつかれていたともいえるのではないでしょうか。
　20世紀初頭は，高周波電流の治療効果が世間を賑わしていた時代であったことを考えると，人生の後半に空中電気の研究に携わっていたアレニウスが，子供に高周波電流を加えることで人の成長によい効果をもたらす可能性があるような実験を行なったのも納得ができます。しかし，あまりにも専門外にのめり込み，科学的な想像力を膨らませていった結果とも取ることもできるのではないでしょうか。アレニウスの科学史観は，夏目漱石の教え子である寺田寅彦（1878-1935）の訳で出版されています[5]。アレニウスは，電解質溶液の理論的な研究以外に，気象電気，溶液の粘性，反応速度論について研究しており，後年は，大気中の二酸化炭素濃度変化などに興味をもち，現在の地球環境問題の先駆者ともみなされています。また1909年に創設されたスウェーデンの優生学協会の創設メンバーであり，人生の後半には超自然現象にとりつかれていったともいわれています。

8.1　アレニウスと高周波電流

8.2 マイクロ波との付き合い

　冷えたものを簡単に温められることから，電子レンジは広く家庭に普及しています。日本では電子レンジとよんでいますが，英語では周波数のマイクロ波にちなみ，マイクロウェーブ・オーブン（Microwave oven）とよんでいます。わが国における最初の電子レンジは1961年に東芝が発売した業務用で，1964年には東海道新幹線のビュッフェ車で使われていたそうです。家庭用は1966年にシャープが発売したのが第1号とされています。電子レンジの電源部には2.45GHzのマイクロ波によるマグネトロンが使われています。マグネトロンは，当初，軍事的なレーダー用の電源として開発されましたが，今日では，日常の生活のなかで使われている電子レンジの心臓部として活躍しています。

　波長3cm，周波数10GHzのマイクロ波（極超短波）の効率のよい発信装置が，1927年に分割陽極マグネトロンとして，東北帝国大学の岡部金治郎博士（1896-1984）によって世界で初めて発明されました[6]。岡部は八木アンテナで有名な東北帝国大学教授八木秀次（1886-1976）の教え子として，1935年から大阪帝国大学の教授を務め，1944年に文化勲章を受章しています。晩年は，人間の死後の世界に興味をもち，『人間は死んだらどうなるか』という本を出しています[7]。その本では，「人間は死んだらどうなるかというような問題は自然科学の領域をはるかに超えたものであるが，しかし自然科学とまったく縁がないわけではなく，多少の縁があろう。」として，自然科学に立脚した死後の世界を論じていますが，「今のところでは死の世界への旅行案内書としては宗教方面のものがあるだけだといってもよかろう。（中略）。したがって，自然科学という大地に足をつけて書かれた案内書が望ましいが，しかし，そのような案内書の出現を期待してもそれは無駄であろう。人間は死んだらどうなるかというような問題は，自然科学の領域をはるかに超えた問題だからである。」と述べています。平成21年夏，電気学会は卓越した人，モノとして「岡部金治郎と分割陽極マグネトロン」を第2回の「でんきの礎」として顕彰しています[8]。

　さて，19世紀の後半，フランスの医師，物理学者のダルソンバールは筋肉や神経の電気的な活動を調べたことから，電気が生物に与える影響に興味をも

つようになりました（図8.4）。1893年には，高周波電流を医療へ応用するために，誘導電流発生装置を試作しています。ダルソンバールはその後，高周波変動磁界中での磁気閃光現象を見いだしています。また，ダルソンバールは1881年に海洋における温度差発電を提唱したことでも有名です。

　ダルソンバールは1896年に磁気による閃光現象を見いだしました。これは，今日，人々が日常生活ならびに仕事を行なっている環境で磁界にさらされるときの磁界の規制値を設ける際の科学的な根拠のひとつとして扱われています。2010年10月，国際非電離放射線防護委員会（International Commission on Non-Ionizing Radiation Protection, ICNIRP）が100kHz以下の周波数の電界と磁界のばく露を制限するためのガイドラインを公表しました[9]。磁気的な閃光現象は神経系に対する磁気の作用で，網膜における閃光として生じ，その現象が発生する最低の磁界の強さのいき値が述べられており，ガイドライン導入の基本的な概念となっています。

図 8.4　ダルソンバール

　1978年に発足した国際生体電磁気学会には，ダルソンバールの名前にちなんだd'Arsonval賞が設けられており，1985年から生体電磁気の研究分野に顕著な実績のあった研究者に授与され，2012年度末まで14人が表彰されています。2010年に韓国ソウルで開催された第32回の年次大会では，東京大学名誉教授の上野照剛がd'Arsonval賞を授与されています。受賞の理由は「局所的脳磁気刺激，脳磁気計測法，電気的磁気共鳴画像への新展開，細胞の磁場配向を用いた新しい医療への応用」など磁気応用についての創造的な功績が認めら

れたものです。

　第3.2節にも書きましたが，国際生体電磁気学会は略称のBEMSという名前で多くの研究者に馴染みの組織となり，学会の活動は世界中に広がっていますが，1978年の発足時に学会の名称を決めるときに，ダルソンバールにちなんだd'Arsonval学会（d'Arsonval Society）が候補に挙がったそうです。

　19世紀末にダルソンバールらが行なった高周波電流を用いた医療への試みは，20世紀に入っても続きました。カリフォルニア大学のスズキンドは，電気が医療と歴史的にどのようにかかわってきたかを調べた非常に興味ある学術書を著わしています[10]。スズキンドの著作を読むと短波，超短波の人体への作用を最初に医療に適用したのは，ドイツ，イエナ大学教授のシュリプファーケ（Erwin Schliephake, 1894-1995）です。1925年，シュリプファーケは自身の鼻の病気による痛み（面皰：めんぽう）を止める実験に電磁波を用いています。1930年代には，短波による治療器を開発し，組織の深部加熱を可能としました。その後，1935年に『Kurzwellentherapie: Die medizinische Anwendung kurzen elektrische Wellen』（短波療法：短波の医療応用）を著わし，電磁波を用いた治療方法，ジアテルミー（diathermy）が世界中に広がりました[11]。

　シュリプファーケが進めていた研究を参考にして，1940年，北海道帝国大学に超短波研究室が設けられ，1943年には同研究室が超短波研究所となり，戦後の1946年には応用電気研究所（現電子科学研究所）と改組されました。この間，超短波研究室・研究所には，医学・理学・工学・農学の専門家が集まり，学際的な研究として短波・超短波の生体への先端的な応用研究が進められました[12]。今日から省みると，生体と電気との関係を明らかにするなどの先駆的な研究を第2次世界大戦中に行なっていました。

　戦後，ジアテルミー技術は発展し，がん療法としてのハイパーサーミア（Hyperthermia）となりました。がん細胞は正常な細胞よりも熱に弱く，42度以上になると死滅してしまいます。そのため，体の局所または全身を熱で温めると，がん細胞だけを死滅させることができます。この原理を利用して，がん細胞を高周波で加熱して死滅させようとするのがハイパーサーミアであります。

　話題を変えますが，スパイ小説で有名なイギリスの作家フリーマントル

(Brian Freemantle) が，1982年に『KGB』というタイトルのノンフィクションのスパイ小説を著わしています[13]。KGB（英語名: Committee of National Security）は，1954から1991年までにソ連に存在した情報機関・秘密警察で，アメリカの中央情報局（CIA）と対抗する組織でした。KGBの前身は，レーニンによってロシア革命後の1917年に設立されたチェーカー（英語名: Cheka）とよばれる秘密組織です。『KGB』には，KGBの設立経緯，1960年の冷戦時のソ連の秘密組織，アメリカのCIA，イギリスの情報局（MI6）などとの情報合戦などがリアルに描かれています（図8.5）。『KGB』のなかには，1960年代，モスクワのアメリカ大使館に微弱なマイクロ波が照射されていると噂があった「モスクワ・シグナル事件」の経緯が書かれています。小説『KGB』から引用すると，

> ソ連の電子盗聴技術が高度化，精密化していることがアメリカ当局を愕然とさせるほどのものだと判明したのは，1976年である。モスクワのアメリカ大使館に勤務する二人の外交官がリンパ腺ガンに罹り，ウオルター・ストーセル大使は理由不明のしつこい吐き気にみまわれ，ついで眼から出血しはじめたことがあった。
> ワシントンからモスクワに専門医が派遣されたが，診断によれば，大使館となっているチャイコフスキー通りの革命前の十階建てビルに勤務するスタッフは，電子監視装置が発するマイクロウエーブ放射線を間断なく浴

図8.5 大使が超短波に悩まされたモスクワのアメリカ大使館[13]

びているというのであった。大使がとくに障害を受けたのは，十階にある執務室が最も多量にマイクロウエーブ放射線を浴びたためであった。

　ソ連側はアメリカ大使館に向けて放射線を照射している事実を否定しなかった。その言い分によると，ソ連側は合衆国のあまりにも精密な超感度の盗聴装置を妨害する方式をとっているが，それはアメリカ側がブレジネフ書記長の使うカー・テレフォンを盗聴している疑いがあったからだというのである。アメリカ側もブレジネフの車内電話に波長を合わせている事実は否定しなかった。ただ沈黙を守ったまま，建物内に放射線遮断壁をとりつけただけであった。

　ソ連のアメリカ大使館におけるマイクロ波の照射事件を，アメリカ市民が耳にするようになったのは1970年の半ば頃です。また，マイクロ波の照射を受けた大使館職員を対象にした健康調査が行なわれましたが，がんへの影響はみられませんでした[14]。大使館内に設置した盗聴器の操作に電波が使われていたのではないでしょうか。この事件は，ソ連のブレジネフ書記長（Leonid Il'ich Brezhnev, 1907-1982）とアメリカのフォード大統領（Gerald Rudolph Ford, 1913-2006）がともに対峙していた冷戦時代の出来事で，電磁波，とくに微弱なマイクロ波の問題を語るときには，しばしば登場する事件です。

　また，ミシガン大学教授のステネック（Nicolas Steneck）は，自著『The Microwave debate』においてマイクロ波にまつわるさまざまな出来事を，時代を追いながら，かつ生き生きと描いています[15]。

　レーダーが開発された1900年代初頭は，高周波電磁波が人に障害を与えるなどは当然考えられていませんでしたが，1950年代，アメリカ，ペンシルベニア大学教授のシュワン（Herman Paul Schwan, 1915-2005）が中心となった研究で，電力密度100mW/cm^{2}以上のマイクロ波照射では有害な影響があることがわかりました。そしてその作用は，組織内でのマイクロ波の吸収による熱的な効果によるものであることも次第に明らかになりました。シュワンらは，ラジオ周波，マイクロ波などの高周波電磁波への人のばく露に対する安全基準として，入射電力密度10mW/cm^{2}を提案しています。1956年以降，シュワンらの研究は，アメリカ空軍の支援による高周波電磁波の生物への影響を明らか

にする「Tri-Serviceプログラム」として進められました。

1966年には，アメリカ規格協会（American National Standards Institute, ANSI）が，10MHz - 100GHzの周波数範囲で，人へのばく露制限指針の安全基準値として10mW/cm^2を採用しています。一方，ソ連は，1958年に$10\mu\text{W/cm}^2$の安全基準値を設けています。アメリカとソ連とのそれぞれの基準値を比較しますと，基準値として1/1000という大きな隔たりがありますが，この隔たりの理由は，アメリカでは生体の誘電加熱，生体の熱放散と血液の循環による熱の交換性などの熱的効果を考慮し，ソ連は非熱的な効果を取り上げた結果と考えられています。ソ連が非熱的な効果の研究に携わったのは，旧ロシアからパブロフ（Ivan Petrovich Pavlov, 1849-1936）による行動学的な研究の伝統があり，マイクロ波の照射によって動物の行動がどのように変化するかを注目した結果といわれています。その後シュワンらは，高周波電磁波によるエネルギー吸収，組織の加熱に関する生物物理学的なメカニズムを明らかにしました。

このような流れのなかで，前述したモスクワでのシグナル事件が起きました。第2次大戦後の冷戦時代，高周波電磁波の健康障害の可能性が指摘されており，1950年代後半から多くの研究者がこの分野に参画しました。その中心となり，生体影響研究のパイオニアといえるのがシュワンであり，ユタ大学のガンデー（Om Gandhi），ダーニー（Carl Hodson Durney）両教授，ロチェスター大学のマイケルソン（Solomon Michaelson），カーステンセン（Edwin Carstensen）両教授，ペンシルベニア大学教授のフォスター（Kenneth Foster），ワシントン大学教授のガイ（Arthur Guy）など，多くの研究者が一緒に研究を進めました。今からみると，生体電磁気研究の創成期を盛り上げてきたメンバーです。1960年代，日本からは，東京大学の斎藤正男（現名誉教授）がシュワンの研究に加わっており，交番電界中での生体粒子の応答についての理論的研究を行なっています。

シュワンはドイツ，アーヘン（Aachen）に生まれ，ゲッチンゲン大学で学び，1940年にフランクフルト大学で生物物理の分野で学位を授与されています。その後，ドイツ，マックス・プランク研究所（旧カイザー・ヴィルヘルム研究所）で研究に従事しました。1947年にはアメリカに移住し，1950年以降

ペンシルベニア大学で研究生活を送っています[16]。この間，生体組織の誘電特性，非熱作用についての研究，とくにパールチェン形成についての実験，その理論的な解析など，今日の生体物理・医用工学分野になくてはならない先駆的な仕事を行なっています。とくに，誘電分散として取りまとめられている誘電物質の周波数に依存する緩和現象の解明は，シュワンが行なった最大の功績です。シュワンは国際生体電磁気学会の第1回d'Arsonval賞を1985年に授与されています。

生体への影響を調べる基本的な単位として，生体表面で電波が照射され透過・吸収する量としての電力密度〔mW/cm^2〕が当初，使われていましたが，次第に電力密度に代わって，エネルギーが生体組織に吸収される量，比吸収率（SAR）が使われるようになりました。SARは体重1kgあたりの吸収電力で定義され，単位はW/kgです。また，周波数によって生体への効果が異なることが次第に明らかになり，それまで周波数に対して同じ値を安全基準値としていましたが，基準値を周波数ごとに決めること，また職業者と一般の人々を区別して値を設けるようになりました。

なぜ，SARが使われるようになったのでしょうか。電離放射では電離作用による効果を考え，吸収される量「ドーズ」(Dose) を用いています。当初，熱的な作用として蓄積効果は考えにくい非電離放射の高周波電磁波でも，この吸収量「ドーズ」を借用していましたが，「ドーズ」を用いるのは不適当ではないかと議論が起こりました。

1975年，高周波電磁波へさらされることによる単位質量あたりの吸収の割合（Absorption rate）の概念として「ドーズレイト」(Dose rate) の代わりにSARを使用することを，ワシントン大学のジョンソン（Curtis Johnson）が提案しました[17]。カンサス市の復員軍人庁病院（Veterans Administration Hospital）のジャステンセン博士（Don Justensen）も，ラットを使った動物実験から，動物での吸収量について，マイクロウェーブ・オーブンに照射された場合の全身の平均温度上昇と動物組織の比熱（Specific Heat）から「ドーズ」を測定し，1kgあたりの吸収電力，〔W/kg〕で吸収された「ドーズレイト」を定量化しています[18]。しかし，SARの概念がドジメトリーの尺度として用いる提案は，研究者にはただちに受け入れられませんでした。たとえば，フレー

(Allan H.Frey) は，SARは均一な組織を仮定してその組織での計算で求めた吸収される以上のものでないと論じています[19]。

一方，スズキンドやガイらは，従来から使われている電力密度〔mW/cm^2〕は，単位面積あたりのマイクロ波の入射電力，生体表面に到るエネルギー量であり，これは実際の生体内で吸収されるエネルギー量を表わしていないと考え，SARを用いたアプローチについて賛成の意見を述べています[20), 21)]。このようにして，人体の安全の基準値を設けるにあたり，電力密度よりもSARを用いたアプローチが次第にアメリカの放射線防護測定審議会（National Council of Radiation Protection and Measurements, NCRP）などの基準に組み込まれました。

NCRPは全身の平均SARに基づくばく露基準を1982年に勧告しています[22]。kgあたりのSARが1g，10gあたりのSARという概念に広がりましたが，生体にとってこれはどのような意味をもつのでしょうか。

マイクロ波をめぐる話題をもう1つ紹介します。高度3万5,800km上空の静止軌道を回る衛星の太陽発電システムから，マイクロ波によって地球に電気を送るという壮大な話です（図8.6）。無線によるエネルギー伝送は，テスラが提唱したのが最初といわれています。しかしテスラの時代はマイクロ波を発生させることができなかったため，テスラが用いたのは150kHzの電磁波による300kWの無線電力伝送でした。

図8.6 宇宙発電の概念図（京都大学生存圏研究所）[23]

その後，1960年代にチェコスロバキア生まれでアメリカに移住したグレーザー博士（Peter Edward Glaser）が太陽宇宙発電SPS（Space Power Satellite）を提案しました[23]。1979年には，アメリカの航空宇宙局（National Aeronautics and Space Administration, NASA）とDOEが，NASAリファレンスシステムとして構想計画を発表しています。その計画では，静止軌道に大きさ5km×10kmの太陽電池を搭載した衛星を打ち上げ，太陽エネルギーによって発生させた直流電力を，家庭用の電子レンジと同じ周波数，2.45GHzのマイクロ波に変換して，直径1kmの送電アンテナで，地球上の10km×13kmの受電用のレクテナアンテナに，合計500万kWhの電気を送るというものでした。SPSの重量は約5万tになっています。このSPSについては，マイクロ波を用いた送電による生態や生体への影響についての議論もされています。アメリカの設計では，マイクロ波ビームの電力密度は，ビームが最も強い箇所で，23mW/cm^2，レクテナの端で1mW/cm^{2}です。しかし，1980年のレーガン大統領政権下での財政緊縮政策により，SPS計画は中断されました。

　わが国でも，1980年代初めからSPSが実現できるかどうかの調査を行ないました[24]。当時の調査研究では，発電量を100万kWhとしていました。このような計画を実行するには莫大な費用がかかることが指摘されます。近年，このような宇宙を舞台にしたSPS計画は，地球環境問題を解決するのではないかと見直され，SPSの概念を取り入れた宇宙太陽光利用システム（Space Solar Power Systems, SSPS）として調査・活動が進められています[25), 26)]。現在マイクロ波送電は，周波数2-5GHzの範囲で計画されています。

　マイクロ波による送電は，電離層での散乱や反射がなく，大気中でも減衰が非常に少なく，雲や雨などの影響を受けることがほとんどないことが長所です。電力密度からみると，送電中のマイクロ波ビームの中を飛んでいる鳥が，焼き鳥になることはないといえます。マイクロ波の人に与える影響は，現時点の研究からは問題がありません。しかし，生態への影響評価も含めて，マイクロ波の長期ばく露については，基礎的な研究を行なっていくことが重要であると考えられます。

8.3 エジソンと電気椅子

われわれ日本人にとってエジソンは，立志伝中の人物で発明王としてよく知られています（図8.7）。日本で自生している竹を白熱灯のフィラメントに用いて電球を発明したということから，エジソンは日本とはゆかりが深く，多くの人に親しみをもたれています。京都の岩清水八幡宮には，電灯発明50年を記念して記念碑が1929年に建てられました。その後，1958年にエジソン顕彰会の手によって八幡宮境内で移設され，1984年にはエジソンの記念碑として現在の姿に再建されています。

図8.7　エジソン

エジソン（Thomas Alva Edison, 1847-1931）は，アメリカ，オハイオ州ミラン（Milan）で生まれて，7歳のときに両親とミシガン州に移っています。幼い頃は成績が悪く，母親から直接読み書きを習っています。12歳の頃から鉄道駅の新聞売り子として働いていましたが，あるとき線路に入り列車に轢かれそうになった駅長の息子を助けました。そのお礼として父親の駅長から電信技術を教えてもらったことが，発明王としての道を歩み出すきっかけとなりました。電信技術を身につけたエジソンは，16歳頃には渡り電信技師として，カナダ，デトロイト，シンシナティ，インディアナポリス，ルイヴィール，ニ

ュー・オリンズなどアメリカ中西部の各地を転々としています．20代前半には電気式自動投票記録機，株価の表示機などを発明して特許を取っています．

1876年，エジソンはニュージャージー州のメンロ・パーク（Menlo Park）に研究所を開設しました．その年は，アメリカ13州がイギリスから独立した100年目で，記念の万国博覧会がフィラデルフィアで5月10日から半年間開催されました．この博覧会には，グラハム・ベル（Alexander Graham Bell, 1847-1922）の電話，エジソンの電信装置などが出展され，新しい時代の幕開けの象徴となりました．とくにベルの発明した電話は，この万国博覧会で世界的な注目を集めました．グラスゴー大学のトムソン教授はベルの電話機のモデルをイギリスに持ち帰っています．また，レミントン社のタイプライターも発明品として紹介されています．わが国は，この万国博覧会に二棟の日本建築を建て，陶磁器，漆器，金属器などの工芸品，美術品などを出展しています．

メンロ・パークに研究所を開設したあとの1882年，エジソンはニューヨーク，パール・ストリート（Pearl street）に中央発電所を建設し，ウォール街とイースト・リバー地区に照明用の電気を供給するために直流による配電事業を開始しました．電気の供給事業を始めたときは110Vでしたが，需要が増えるにつれて末端の電圧が低くなり，電圧低下による電灯が暗くなる問題が生じたようです．エジソンが直流送電を提案したのに対して，ウェスティングハウス（George Westinghouse, 1846-1914）が交流送電の優位さを主張して電力の送電システムを1880年代後半から計画しました．交流送電の利点は，変圧器を使って電圧を自由に制御できることです．

19世紀後半は，アメリカにおける電力事業の創成期でした．発電から送電の事業化にしのぎを削っていた時代です．直流送電を推進したエジソンと交流送電の事業化に取り組んできたウェスティングハウスとのあいだで，激しい交直論争がなされました．また，アメリカならびにカナダ両政府がナイアガラ瀑布を利用した水力発電の開発を計画した際には，イギリス，グラスゴー大学教授トムソン（William Thomson, 1824-1907）が委員長を務める専門家からなるナイアガラ瀑布電力委員会がつくられました．同委員会から発電計画が提案され，ナイアガラ瀑布発電所には交流の発電機が採用されました．図8.8はナイアガラ瀑布発電所の外観です．発電所には5,000馬力の二相交流発電機が据

えつけられていました（図8.9）。また，発電所地下150ft（約45m）でタービンが回っているとのことです。ナイアガラ瀑布電力委員会の委員長を務めたトムソンは，絶対温度の導入，大西洋横断の電信ケーブルの敷設などを行なった物理学者です。のちにトムソンは，爵位をさずけられ，ケルビン卿と名乗りました。ケルビン卿のケルビンは，22歳のときに教授となったグラスゴー大学構内を流れていた小川の名前にちなんでいます[27]。

図8.8 ナイアガラ瀑布発電所の外観[28]

図8.9 ナイアガラ瀑布発電所の内部。
据えつけられた5,000馬力の二相交流発電機[28]

ナイアガラ瀑布発電所では，最初25Hzの交流が使われ，これを契機として次第に交流による送電が普及しました。激しい交直論争の結果，最終的には交流送電が勝利して，今日の電気時代をつくっていきます[28]。ウェスティングハウスが勝利するにあたっては，エジソンの会社を辞めたテスラの強力な協力があったのではないでしょうか。

エジソンは交直の争いには負けましたが，多くの発明を行なっています。エ

ジソンが設立した電灯会社は，その後，ゼネラル・エレクトリック社（General Electric, GE）となっていきます。一方，交直戦争に勝利したウェスティングハウスは，エジソンと比べ名前は忘れ去られて，彼の設立した会社はその後次第に没落してゆきました。

日本では，1887年（明治20年）に東京電灯会社が直流式の電灯を輸入し，日本橋茅場町に発電所を設けて送電を行なっています。一方，大阪電灯会社は，1889年に交流式の発電機を輸入して営業を開始しています。その後，直流式では遠距離への配電が無理であることを東京電灯会社は認識し，次第に交流式を採用するようになりました。

19世紀後半に電気を送る技術が確立する以前は，生活のなかで自由に情報を送れることは大きな夢でした。そのため，人と人とのコミュニケーションや情報の伝達には，古くからさまざまな方法が取られてきました。人が移動することで直接的に情報が人から人へと伝わり，またメッセージを相手に渡すことができました。しかし，遠距離の情報の伝達には時間がかかってしまい，より速い伝達手段が必要となり，次第にのろしや腕木通信（Semaphore）などに取って代わり，より速く情報を伝達する手段が発明されるようになりました。

腕木通信は，フランスの作家，アレクサンドル・デュマ（Alexandre Dumas, 1802-1870）の大河小説『モンテ・クリスト伯』に登場します[29]。主人公のエドモン・ダンテスが，ダングラール，フェルナン，ヴィルフォールの3人を相手に復讐を成し遂げていく話ですが，腕木通信を使った場面があります。主人公のダンテスが腕木通信の信号手を買収して誤った株式情報を伝え，市場をかく乱し，自分を無実の罪に落とし入れたダングラールの資産を失わせる場面です。迅速性が望まれる株式の相場情報の伝達に，当時の最先端の手法であった腕木通信が使われていたのです。腕木通信は，フランスのクロード・シャップ（Claude Chappe, 1763-1805）らによって発明されました（図8.10）[30]。『モンテ・クリスト伯』が書かれたのは1840年代の中頃ですが，18世紀末から19世紀中頃までフランスを中心に腕木通信が使われていました。

1837年にモールス信号を用いた電信による情報伝達の方法が登場すると，腕木通信は廃れていきました。電信の出現が，人が移動して情報を伝えるよりも情報がより速く，正確に伝わる状況をつくり出したのです。モールス信号を

図 8.10　腕木通信機[30]

　発明し，電信技術の進展に貢献したモールスは，当初画家をめざしてイタリア，イギリスに留学し，ニューヨーク大学の美術教授を務めた美術に造詣の深い人物です．その後1876年に，電信の専門家しか使うことができなかった有線による電信から，誰でも使えて通話ができる電話機がベルによって発明され，特許の出願がなされています．電話機の発明の結果，情報の伝達手段がそれまでと比べ格段に進歩しました．さらにマルコーニによる無線通信の開発など，情報を伝える技術的な進歩が電気の実用化技術の発展と調和を取るようになされてきました（図8.11）．

　そして究極の技術として考え出されたのが携帯電話，パソコンによるインターネット通信であり，爆発的に普及しはじめたのは1990年後半です．今日，

図 8.11　無線通信 100 年（ドイツ切手，1995 年）

8.3　エジソンと電気椅子　　171

モバイル通信にみられるように，個人レベルでの情報のやり取りがされるようになりました。

ベルの電話機の発明については，特許出願前の空白の12日間を舞台にした小説『グラハム・ベル空白の12日間の謎—今明かされる電話誕生の秘密—』が2010年に出版されています[31]。これはベルとイライシャ・グレイ（Elisha Gray, 1835-1901）の特許取得についての疑問を追跡したノンフィクション小説です。ベルのライバルとして取り上げられているグレイは，アメリカの発明家・技術者です。グレイは電話に関する発明特許保護願いの申請をしていました。ベルの出願特許の説明図とグレイの発明特許保護願いの図面の構成と内容が非常に似ていることが，このノンフィクション小説の出版のきっかけになっています。ベルがワシントンを訪問していた12日間に，グレイの特許保護申請の書類を眼にすることができ，ベルはグレイの出願を知って，わずかな時間の差で先に出願したことから，発明者として認められてきたのではないかとの疑問から，12日間の空白の時間に何があったかを推理した小説です。ベルに電話の発明特許を先に取得されたグレイは，その後，電送で文字を遠くに送るファクシミリの原型を発明しています。

エジソンとベルは奇しくも，わずか20日違いで同じ年に生まれております。これも何かの縁でしょうか。ベルはイギリス，スコットランドで生まれています。34歳で白熱灯を発明したエジソンは「メンロ・パークの魔術師」とよばれ，ベルは29歳で電話機を発明しています。なお，ベルは聴覚障害児の教育を研究していた経緯があり，ヘレン・ケラー（Helen Adams Keller, 1880-1968）に彼女の人生を変えた家庭教師アン・サリヴァン（Anne Sullivan, 1866-1936）を引き合わせています。エジソンとベルが生まれた1847年はドイツロマン派の作曲家，メンデルスゾーン（Jakob Ludwig Felix Mendelssohn, 1809-1847）が亡くなり，わが国では明治天皇の父君である孝明天皇（天保2年－慶応2年，1831-1867）が即位した年であります。

エジソンやテスラのように技術の進歩をもたらし社会に貢献した人は，ノーベル賞を受賞してもおかしくないのですが，両者の相容れない性格もあり，いろいろな確執があったようです。1915年，両者一緒にノーベル物理学賞の候補に推薦されたというニュースが世間を騒がしましたが，エジソン，テスラと

もに受賞はしていません。

　話は変わりますが，エジソンは，熱せられたフィラメントから電荷が放出される熱電子の放出現象——エジソン効果とよばれる現象を見つけ出しています。しかし，エジソンはこの現象の重要性をあまり認識はしていなかったようです。この現象はフレミング（John Ambrose Fleming, 1849-1945）が発明した真空2極管の原理となっています。フレミングが2極真空管を発明したあと，アメリカの発明家であるデフォレスト（Lee De Forest, 1873-1961）が，今日まで使われている真空管の原型の3極真空管を発明しています。2極真空管は検波作用や整流作用をもっていますが，増幅・発振作用をもった3極真空管が発明されたことによってエレクトロニクスが大きく進歩していきます。1948年にトランジスタが発明されるまでは，3極真空管が大きな役割を果たしていました。

　フレミングは，ケンブリッジ大学教授，キャベディッシュ研究所所長で電磁波の理論予測を行なったマックスウェル（James Clerk Maxwell, 1831-1879）の指導を受けて，1885年からはロンドン大学の電気工学科の教授を務めています。これがイギリスで初めてできた電気工学科です。この間，フレミングはフレミングの左手の法則，右手の法則を発表し，2極真空管を発明しています。左手の法則は，電流の流れの方向，磁界の方向と力の方向の関係を表わし，右手の法則は，磁界の中を導体が動くと起電力が生じることを示しています。またフレミングはエジソン，マルコーニに仕えており，エジソンがつくったロンドン・エジソン電灯会社，マルコーニが設立した無線電信会社でそれぞれ技術顧問をしています。マルコーニの会社が1901年に成功させた大西洋3,400kmを横断するイギリスとカナダ間の無線通信技術は，フレミングの設計によるものです。また，フレミングの自伝を読むと，フレミングが大西洋横断無線通信の成功を知ったのは成功4日後，1901年12月16日付けの「デイリー・メール」紙を読んでのようで，しかも記事には関係者としてのフレミングの名前がなかったそうです。自伝には，のちにマルコーニからお礼があったと書かれています[32]）。

　8.1節で述べたように，タイタニック号の海難事故では無線通信が大活躍をしています。この無線通信は1895年にマルコーニによって発明されています。1909年，この発明によりマルコーニは，ブラウン管を発明したドイツ生まれ

でストラスブール大学教授のブラウン（Karl Ferdinand Braun, 1850-1918）と一緒に「無線通信の発展への貢献」でノーベル物理学賞を受賞しています。しかし，マルコーニの業績は，他の多くの科学者や技術者の成果や特許の上に成り立っていることはよく知られています。

さて，この節のタイトルに「電気椅子」とありますが，ラモンが書いた『処刑電流』を参照しながら，エジソンやウェスティングハウスの葛藤を取り上げます。前述したように，エジソンはニューヨーク市，パール・ストリートに中央発電所を建設し，直流で照明用の電気を供給しました。一方，ウェスティングハウスはニューヨーク州，バッファローで交流による電気を供給しました。エジソンは，ウェスティングハウスが主張している交流による送電と比べて，自分が主張する直流による送電が優位だとするための手段として「電気椅子」を用いました。エジソンは交流送電の危険性を訴え，「電気椅子」の電源に交流を採用するよう画策しました。そのために，ネコやイヌなどの動物を用いて感電死の公開実験を何度も行ない，最初の実用的な「電気椅子」がエジソンの下で働いていたハロルド・ブラウン（Harold Pitney Brown, 1869-1932）によって発明されました。この「電気椅子」で最初に処刑されたのは，愛人を斧で叩き殺したウィリアム・ケムラー（William Kemmler, 1860-1890）です。『処刑電流』では，ケムラーがその処刑に至るまでの，エジソンとウェスティングハウスの葛藤が詳細に述べられています。1890年，ケムラーの処刑があり，『処刑電流』では，次のように描写されています[33)]。

> 1890年8月6日，ウィリアム・ケムラーは電気椅子で処刑される最初の人間となった。夜明けとともに彼の体内に1300ボルトの交流が流された。新品で伸びの悪い革ベルトが中古のウェスティングハウス発電機の1台からはずれそうになり，電流は17秒でストップした。最初死んでいるかに見えたケムラーが突如息を吹き返し，再度電流が流された。2度目は約4分間持続され，肉の焦げるにおいが処刑室に充満した。死亡宣告はケムラーの焼け焦げた死体のくすぶりがおさまってからおこなわれた。エジソンは記者を買収したにちがいない。なぜなら朝刊の見出しにはこうあったからだ。「ケムラー，ウェスティングハウスされる」

「肉の焦げるにおいが処刑室に充満した。」と，あまりにもリアルな表現です。現在，「Electric」と「Execution」というそれぞれ違う単語を組み合わせて「Electrocution」，感電死という言葉がつくられています。死刑執行具のひとつである「電気椅子」は，英語では「Electric chair」とよばれています。

1880年代から1890年代にエジソンとウェスティングハウス（ならびにテスラ）とのあいだで行なわれた交直論争は，100年以上を経過した2010年代に入り，再び論争が繰り返されるようになってきました。とくに，低電圧では交流よりも直流の電気を使うことで，エネルギーの質，コスト，信頼性，効率，電磁両立性（Electromagnetic compatibility, EMC），電気エネルギーの蓄積などに利点があると考えられ，ジュネーブに本部がある国際電気標準会議（International Electrotechnical Commission, IEC）が直流による低電圧配電を積極的に採用してみてはどうかと提案をしています[34]。

直流によって電気を送ることには多くの利点が考えられますが，配電システムに直流を使った実験や解析が十分ではありません。たとえば，太陽光発電装置でつくった電気は直流なので，家屋内の配電に直流を使うと太陽光発電でつくられた電気を，直接，家電製品の電源として使うことができます。しかし，われわれは，直流による配電システムの下で，家屋内やビル内で電気を供給し，使用した経験をほとんどもっていません。そのため，現在の交流配電システムの見直し，直流の電気を瞬時に遮断すると発生するアーク（電弧）を防ぐための保護回路や遮断器，ヒューズなどの再設計，人が受ける電気ショックの問題，絶縁や漏電や火事などについての十分な対応が必要になると考えられます。

直流による配電システムがすぐに商業的に使えるようになることではなく，さまざまな問題を解決するには，少なくとも10年以上の時間がかかると考えられます。将来，交流送電と直流送電が相携えて両立していくことが想像されます。IECでは，照明やパソコン用には48V，エアコンや冷蔵庫には390Vの直流電圧の使用を想定して，1,500Vまでの直流配電システムの利点，標準化に伴う問題点を明らかにする活動に取り組んでいます。

最後に，エジソンは，「メンロ・パークの魔術師」とよばれたことから，ボーム（Lyman Frank Baum, 1856-1919）が著わしたファンタジー『オズの魔法使い』のヒントになった人物といわれています。『処刑電流』にその一端が

次のように書かれております[35]）。

　　事実，エジソンはL・フランク・ボームの『オズの魔法使い』のヒントになったと言われている。この物語に登場するのは自己宣伝のうまい，根は善人の中西部出身のにせ魔法使いで，視覚的・聴覚的効果に巧みなだけでなく，電気も使いこなす。

　後年，エジソンはオカルトや超自然的な現象に魅せられました。エジソンは2度結婚し6人の子供にめぐまれています。6人の子供のなかで息子のチャールズ（Charles Edison, 1890-1969）は政治家になり，ニュージャージー州の知事を務めて，さらにルーズベルト大統領の腹心として活躍しています。残念なことに6人には子供がおらず，エジソンの直系の血筋は絶えています。

◆ 参考文献
1) デーニャ・マルコーニ・パレーシュ：『父マルコーニ』，御舩佳子訳，東京電機大学出版局，2007年。
2) Huber JB: Arrhenius and his electrified children – a new use for high-frequency currents, Scientific American, April 13th, p.334, 1912.
3) ハーバート・ジョージ・ウェルズ：『神々の糧』，小倉多加志訳，ハヤカワ・ミステリHPB 3288，早川書房，昭和47年。
4) D'Arsonval JA: L'Autoconduction ou nouvelle methode d'électrisation des étres bivants. Comptes rendus, 117, pp.34-37, 1893.
5) スヴァンテ・アレニウス：『史的に見たる科学的宇宙観の変遷』，寺田寅彦訳，岩波文庫，1987年。
6) 松尾博志：『電子立国』（日本を育てた男─八木秀次と独創者たち─），文藝春秋，1992年。
7) 岡部金治郎：『人間は死んだらどうなるか』，共立出版，昭和46年。
8) 「第2回 でんきの礎 授与式レポート vol.2 ─岡部金次郎と分割陽極マグネトロン─」，『電気学会雑誌』，第129巻，825頁，2009年。
9) ICNIRP: Guidelines for limiting exposure to time-varying electric and magnetic fields (1 Hz-100 kHz). Health Physics, 99 (6), pp.818-836, 2010.
10) Rowbottom M, Susskind C: Electricity and Medicine -History of their interaction-, San Francisco Press, San Francisco, 1984.
11) Rowbottom M, Susskind C: Electricity and Medicine -History of their interaction-, pp.196-197, San Francisco Press, San Francisco, 1984.
12) 北海道大学・応用電気研究所：『北大百年史・部局史』，1207-1250頁，1980年。

13) ブライアン・フリーマントル:『KGB』,74-75頁,新潮選書,新庄哲夫訳,新潮社,1983年.
14) Elwood JM: Microwaves in the cold war: the Moscow embassy study and its interpretation. Review of a retrospective cohort study. Environ Health 11:85, doi:10.1186/1476-069X-11-85, 2012.
15) Steneck NH: The Microwave Debate, MIT Press, 1984.
16) Schwan HP: Early History of Bioelectromagnetics, Bioelectromagnetics, 13, pp.453-467, 1992.
17) Johnson CC: Recommendations for specifying EM wave irradiation conditions in bioeffects research. Journal of Microwave Power, 10 (3), pp.249-250, 1975.
18) Justensen DR: Toward a prescriptive grammar for the radiobiology of non-ionizing radiations: quantities, definitions, and units of absorbed electromagnetic energy- an essay. Journal of Microwave Power, 10 (4), pp.343-356, 1975.
19) Frey A: The SAR: A concept whose time came and went in the 1960s. Bioelectromagnetics Society Newsletter November, p.1, 1979.
20) Susskind C: Correspondence on D.R.Justensen's "prescriptive grammar for the radiobiology of nonionizing radiation". Journal of Microwave Power, 10 (4), p.357, 1975.
21) Guy A: Correspondence on D.R.Justensen's "prescriptive grammar for the radio-biology of nonionizing radiation". Journal of Microwave Power, 10 (4), p.357, 1975.
22) NCRP: Radiofrequency electromagnetic fields- properties, quantities and units, biophysical interaction, and measurements. Report No.067, NCRP, 1982.
23) Glaser PE: Power from the sun: its future. Science, 162 (3856), pp.857-861, 1968.
24) 三菱総合研究所(新エネルギー・産業技術総合開発機構):「宇宙発電システムに関する調査研究」,(1992.3, 1993.3, 1994.3)
25) URSI Inter-commission Working Group on SPS: Report of the URSI Inter-Commission Working Group on SPS (http://www.ursi.org /files/ICWGReport070611.pdf)(平成25年3月29日確認)
26) 松本紘:『宇宙太陽光発電所』,ディスカヴァー・トゥエンティワン,2011年.
27) ポアンカレ:『科学者と詩人』,93頁,平林初之輔訳,岩波文庫,岩波書店,1990年.
28) Fleming JA: Fifty years of electricity. pp.239-243, The Wireless Press, Ltd, London, 1921.
29) アレクサンドル・デュマ:『モンテ・クリスト伯』(4),296-317頁,山内義雄訳,岩波文庫,2010年.
30) 中野明:『腕木通信』,17頁,朝日選書740,朝日出版社,2003年.
31) セス・シュルマン:『グラハム・ベル空白の12日間の謎—今明かされる電話誕生の秘密』,吉田三知世訳,日経BP社,2010年.
32) Fleming JM: Memories of a Scientific Life, Marshall, Morgan & Scott Ltd, 1934.
33) リチャード・モラン:『処刑電流』,14頁,岩舘葉子訳,みすず書房,2004年.
34) IEC: LVDC-the end of the plugs and sockets dilemma?

(http://www.iec.ch/etech/2011/etech_0711/tech-4.htm)（平成25年3月29日確認）
35）リチャード・モラン：『処刑電流』，76頁，岩館葉子訳，みすず書房，2004年。

コラム 8
ヘルツ

　電磁波の周波数を表わすのに用いられている単位，ヘルツ〔Hz〕は，ハインリッヒ・ヘルツにちなんでいます。ヘルツ（Heinrich Rudolf Hertz, 1857-1894）はドイツの北に位置する自由ハンザ商業都市ハンブルグ（Freie und Hansestadt Hamburg）でユダヤ系ドイツ人の家庭に生まれています。ヘルツが生まれたとき，父親は弁護士でしたが，その後判事，最後にハンブルグの議員となっています。ヘルツはハンブルグで教育を受け，18歳までは工学，建築学を学び，その後，ドレスデンの工業大学とミュンヘン大学で物理・数学を学びました。1878年にヘルツはベルリン大学に移り，生涯の師となるベルリン大学教授ヘルムホルツ（Herman Ludwig Ferdinand von Helmholtz, 1821-1894）のもとで学んでいます。ヘルムホルツは19世紀を代表する物理学，生理学者です。
　ヘルツは1886年にカールスルーエの工科大学教授，次いで1889年にはボン大学の教授となり，1894年に37歳の若さで亡くなっています。この間，電磁波の存在を実証すべき研究を進めました。
　電磁波の存在について，またその電磁波が光と同じものであるということを，すでにイギリスのマックスウェルが1861年から1873年にかけて理論的に予言していました。ヘルムホルツは，ヘルツに電磁波の存在および光と同じものであることを実験的に明らかにする課題を与えました。ヘルツは，カールスルーエ工科大学で電磁波の実証実験に取り組み，1888年に電磁波の存在を示すことに成功し，光と同じであることを実験的に実証しました。
　実験では，ループ状の金属線（送信アンテナ）に電源をつなぎ，電気火花を飛ばすようにし，2mほどに離しておいた金属線（受信アンテナ）に設けた球状のギャップ間に火花が生じることを確かめました。このような実験を繰り返し，ヘルツは以下のように取りまとめています。「電気の振動波は，空間に定常的に存在し，音波と同じように共鳴現象を有し，光と同じように屈折，反射をする。さらに電気の振動波は，周波数と波長から計算でき，光の速度に等しい」。最初，この電気の振動波は，実証したヘルツにちなんで「ヘルツ波」とよばれていました。ヘルツが行なった電磁波の実証実験を無線通信技術の開発につなぎ，1901年に大西洋横断の無線通信実験に成功して，今日の通信技術社会の扉を開いたのがイタリアのマルコーニであります。
　ヘルツが生まれた1857年には，日本のエジソンと称される藤岡市助（安政4年－

大正7年，1857-1918）が生まれています。1年後の1858年には量子論の父であるマックス・プランクが生を受けています。また，ヘルツが亡くなった1894年には，電磁波の存在を実験的に明らかにする課題を与えた師，ヘルムホルツも亡くなっています。

　なお，実用的な単位系（国際単位系：SI）で周波数の単位がヘルツとなったのは，1960年に開催された国際度量衡総会で採択されたことによります。それまでは周波数にはサイクルという単位が使われていました。日本では，1972年以降，ヘルツに変更されています。

電磁波発見
（ドイツ・ヨーロッパ切手，1983年）

ヘルツ没後100年
（ドイツ切手，1994年）

ヘルムホルツ没後100年
（ドイツ切手，1994年）

あとがき

　本書を書くきっかけとなったのは，2009年に設立された電磁界情報センターが，その活動を紹介するニュースの発行を計画したことです。センターの活動の一環として電磁波をキーワードとして，興味をもっていただけるような話題を取り上げ，ニュースに数編の記事を掲載することができました。本書はその掲載された記事を大幅に膨らませ，また新たに書き下ろして，電磁波について8つの話題として取りまとめたものです。

　今日，情報化社会が成り立っていることや環境と人とのかかわり合いをなしているのは，電磁波を基にした技術がその根幹にあります。現在では当たり前のように使われている電磁波を応用した技術ですが，本書では，これまでの電気の歴史のなかで人と環境，とくに電磁環境とのかかわり合いにおいて，電磁波がどのように取り扱われてきたのか，その一端をたどってみました。将来，電磁波を人々がどのように活用していくかを想像してみることにも興味が沸いてくるのでないでしょうか。

　本書を取りまとめるにあたり，このような興味ある分野に導いてくださいました北海道大学名誉教授故松本伍良先生，（財）電力中央研究所故中村宏元理事，ならびに北海道大学名誉教授の加藤正道先生に心から謝意を表わします。また，多くの方々にお世話になりました（一部敬称略）。熊本大学名誉教授入口紀男，東京大学名誉教授上野照剛，東京電機大学教授内川義則，電磁界情報センター長大久保千代次，東京大学名誉教授斎藤正男，首都大学東京教授多氣昌生，名古屋工業大学名誉教授藤原修，千葉大学准教授岩坂正和，シカゴ・イリノイ大学教授James Lin，相本篤子，足立浩一，五十嵐豊，池端政輝，石井英雄，川原慶喜，清野通康，斉藤恭子，菅沼浩敏，須田友孝，塚田竜也，中園聡，林周，山口喜久雄，山﨑慶太，山崎健一，望月照一，守分昌子，世森啓之，東京電機大学出版局の浦山毅，吉田拓歩。

　最後に，本書を父・茂男と母・スミ子に捧げます。

索引

英数字

2極真空管	173
3極真空管	173
ANSI	163
BEMS	65
BPA	135
CCD	132, 135
CIGRE	91
d'Arsonval賞	159, 164
DOE	145
EEG	68
EHC	105
Electrotherapy	87
EMC	175
EPRI	135
fMRI	100
Galvanonarcosis	121
Galvanotaxis	121
GE	170
IARC	146
ICNIRP	159
IEC	175
KGB	161
MRI	97
NASA	166
NASAリファレンスシステム	166
NCRP	165
NIEHS	145
NMR	97
NMR-CT	98
RAPID	145
Sanguineプロジェクト	69, 141
SAR	134, 165
Seafarerプロジェクト	69, 142
SOS	152
SSPS	166
WHO	105
X線	46, 60, 64

α波	68
β波	68
θ波	68

あ行

アインシュタイン	150
悪性腫瘍	99, 103
赤穂浪士の討ち入り	33
浅川効果	92
浅川勇吉	92
アショッフ	74
アショッフの法則	74
アダム・スミス	107
篤姫	45, 95
阿部善右衛門	100
アメリカ規格協会	163
アメリカ航空宇宙局	166
アルディーニ	23
アレクサンダー・フォン・フンボルト	
	20, 51, 111, 130
アレクサンダー・フォン・ミッデンドルフ	
	137
アレクサンドル・デュマ	170
アレニウス	153
アン・サリヴァン	172
安政の大地震	42
安全基準値	163
アンピュラ型	115
アンペール	95
アンペールの法則	91, 95
イオンチャネル	22
イオン発生器	49
イオン風	92
イグ・ノーベル賞	110
池田屋事件	44
石川啄木	154
石田三成	4

一流体説	29, 31, 32, 38
稲妻	26, 30, 38, 46
稲光	27, 29
イライシャ・グレイ	172
ヴィクトリア女王	18
ヴィクトル・ユゴー	27
ウイリアム・アダムス	4
ウイリアム・ギルバート	1
ウイリアム・ケムラー	174
ウイリアム・シェイクスピア	2
ウィルヘム・ウェーバー	130
ウェーバ	72, 75
ウェスティングハウス	168, 170, 175
上野照剛	159
ウェルズ	156
ウェルトハイマー	145
ウォルシュ	110
渦電流	17
宇宙線	48, 63, 125
宇宙太陽光利用システム	166
宇宙天気情報センター	58
宇宙天気予報	58
宇宙天気予報システム	58
腕木通信	170
英仏海峡	117
エジソン	149, 167, 173, 175
エジソン効果	173
エジソン電灯会社	173
絵島・生島事件	33
エッカーマン	50
エックルズ	22
江戸城無血開城	44, 45
エネルギー省	145
榎本武揚	96
エラスムス	8
エリザベス1世	1
エルスター	47
エルステッド	95
エレキテル	37, 39, 41, 131

応用電気研究所	160
王立研究所	18
大阪電灯会社	170
大塩平八郎の乱	43
大槻玄沢	34
オーム	33, 55
オームの法則	33, 55
オーロラ	58, 88, 125
岡部金治郎	158
小川誠二	100
オクロ鉱床	63
オズの魔法使い	175
オゾン	53, 59, 144
オット・フォン・ゲーリケ	37
オトラント城綺譚	26
オペラント行動・社会的行動	78
阿蘭陀始制エレキテル究理原	34, 35
温室効果	62

か行

カーシュビンク	119
カーステンセン	163
カーター	142
カール・リッター・フォン・フリッシュ	136
ガイ	163, 165
概日リズム	69, 72, 74, 78
海水性	120
ガイテル	47
ガイドライン	159
開閉所	140
海流	117
カウヴェンホーフェン	140
ガウス	13, 130
ガウス正磁極期	124
火浣布（アスベスト）	39
架空送電線	91
核磁気共鳴現象	97
核分裂連鎖反応	63
可視光	60, 73
勝海舟	41, 43, 45
活線作業	140

索引 183

活動電位	104, 113, 115
渦動論	102
カマリング・オネス	97
神々の糧	156
雷	27, 30, 59, 67, 84
ガラス電気	30, 31
ガリバー旅行記	33
ガリレオ・ガリレイ	2
ガルディーニ	84
ガルバーニ	20, 22, 26, 39
カルミジン	113, 115, 117
ガレアッチ	21
ガレオン船	5
環境健康科学研究所	145
環境保健クライテリア	105, 146
ガンデー	163
感電	41
感電死	174
気象衛星	104
季節繁殖性動物	105
帰巣行動	135, 137
喜多川歌麿	80
機能的MRI	100
木村正一	48
逆磁極期	124
キャベット	52
キャベンディッシュ	80, 111
強電気魚	111, 115
ギヨタン	11
ギルバート	1, 3, 102, 123
ギルバート逆磁極期	124
金属電気	22, 24, 39, 156
禁門の変	44
空気イオン	45, 47, 49, 52, 92, 144
グーグルアース	138
空中電気	21, 27, 47, 84
偶蹄目の動物	138
空電	51
グールド	136
クーロン	80, 107

クーロンの法則	80
グスコーブドリの伝記	83
グスコンブドリの伝記	83
クラウディウス	20
グラハム・ベル	168
グランド・ツアー	18
クリノブスカ	119
クリプトクロム	128
クルーガー	92
グレーザー	166
クロード・シャップ	170
黒船	44
携帯電話	66, 132, 134
ゲーテ	50
ゲーテとの対話	50
ケーニッヒ	65, 70
ゲーレン	6, 101
結節型	115
ケネディ	153
ケプラー	51
ケプラーの3法則	2, 33
ケルビン卿	169
健康リスク評価	146
原始大気	58
検電器	3
玄武洞	124
高圧送電線建設	141
高温超伝導体	97
高周波電磁波	162, 164
高周波電流	154, 156, 159
抗腫瘍作用	101
甲状腺機能亢進症候群	52
交通博覧会	71
交流送電	168, 174, 175
コーマック	99
コールクリーク変電所	143
国際がん研究機関	146
国際生体電磁気学会	65, 159, 164
国際大電力システム会議	91, 95, 140
国際電気標準会議	175

国際電磁界プロジェクト	146
国際非電離放射線防護委員会	159
黒体（Black body）	60
黒点	58
子供の白血病のリスク	145
コプリー賞	23, 32, 55, 110
コリンソン	28
コロナ放電	26, 53, 92

さ 行

西郷隆盛	44
採餌行動	113
斎藤正男	163
催眠術	13
催眠療法	12, 15
サウスウエスト研究所	78
坂本龍馬	95
佐久間象山	41
座礁	118
真田幸貫	41
サバール	95
サビッツ	145
三相交流	139
サンタアナ	49
残留磁気	123
ジアテルミー	160
ジェームス・ワット	80, 107
紫外線	46, 48, 59
時間生物学	74
磁気嵐	125
磁気科学会	15
磁気共鳴画像イメージング	97
磁気圏	125
磁気コンパス	137
磁気催眠術	10
磁気受容器	128
磁気閃光現象	159
磁気治療	8, 12
磁気南極	123
磁気浮上	33

磁気北極	123
磁気流体	10, 11
時差ぼけ	100
磁石	123
磁石論	1, 3, 6, 102
地震	109
地震の予知	109
磁性バクテリア	112, 126
磁場焦点法	100
司馬遷	7
柴田桂太	90
シビレエイ	20, 110
澁澤栄一	91
澁澤賞	91
澁澤元治	89
シベリア横断旅行	154
下村脩	17
弱電気魚	111, 115
ジャステンセン	164
シャラーフ	49, 52
シューマン	66, 68, 70
シューマン共鳴	65, 67
シューマン波	72
樹脂電気	30
受動的電気定位	117
受動的な座礁	118
受動的な電気受容	115
シュリプファーケ	160
シュワン	162
春岬雑記	15
松果腺	101
松果体	101, 103
松果体腫瘍	103
蒸気機関	107
硝酸アンモニア	83
硝酸塩	83, 86
小児白血病	146
情報局（MI6）	161
食卓歓談集	84
植物の蒸散	85
処刑電流	174
ショメール百科事典	41

索引 185

ジョン・バーロー	12
ジョン・ハンター	110
ジョン・ヒューバー	154
ジョンソン	164
尻振りダンス	136, 138
シロイヌナズナ	128
シロッコ	49, 52
神経細胞	22
神経線維	116
振戦（トレモロ）	70
心電図	111
睡眠覚醒リズム	74
スウィフト	33
杉田玄白	33
スズキンド	160, 165
スタインメッツ	150
スティーブンス	104
スティーブンソン	107
ステネック	162
ストゥドニチカ	103
スパーク放電	59
スピン–緩和時間	99
スペンサー	37
スミソニアン博物館	99, 119
スルマン	51
正弦波電界	69
正磁極期	124
性腺機能	103
成層圏	59
生体磁気	15
生体磁気学会	15
生体電磁気	15, 66, 159
静電界	65
静電気	26, 38, 45
静電誘導	136
生物磁石	123
生物発光	16
西洋事物起源	9
世界ジオパーク	124
世界保健機関	105, 146

赤外線	60
関ヶ原の合戦	4, 33
接触電位	24
絶対温度	169
ゼネラル・エレクトリック社	170
セム	104
セロトニン症候群	52
泉州熊取にて天の火を取たる図説	34
染色体異常	64
セントエルモの火	26
千里眼事件	13
走磁性	126
送電線	135, 138, 141, 143
送電線建設	142, 144
送電線建設反対運動	141, 143
送電線線下（Right of Way）	144
ソリー	85

た 行

ダーウィン	51
ダーニー	163
第5次鎖国令	33
第1次鎖国令	5
大気電気学	47
大気電流回路	47
大気の窓	63
大西洋横断無線通信	152, 173
タイタニック号	151, 153
体内時計	73
タイプI	71
タイプII	71
タイプIII	71
太陽宇宙発電SPS	166
太陽活動	58
太陽光発電	175
太陽黒点相対数	58
太陽コンパス	137
太陽定数	62
太陽の活動	57
太陽放射	62

対流圏	59	テーブル・ターニング	12
高野長英	43	テーブル叩き	13
高橋善矢太	103	デオキシヘモグロビン	100
田中館愛橘	13	適応応答	64
ダニエル電池	42	テスラ	149, 165
谷口正弘	48	鉄タンパク	123
田沼意次	39	デッラ・ポルタ	3
魂の座	102	デフォー	33
ダマディアン	99	デフォレスト	173
ダルソンバール	156, 158	デューラー	8
ダルトン極小期	57	デュ・フェイ	30
淡水性	120	寺田寅彦	157
		電界の健康影響	140
地球温暖化	63	電気椅子	174
地球環境問題	157	電気魚	20, 110
地球電界	45	電気ウナギ	111
地球放射	62, 63	電気栽培	88
地磁気	4, 104, 117, 123	電気受容	112
地磁気異常	119	電気受容器	112, 122
地磁気指数	58	電気ショック	21, 23, 41, 45
地磁気の三要素	124	電気生理学	25
致死電気屈極性	88	電気治療機	42
地電流	110	電気伝導度	46, 68
チャリー	52	電気ナマズ	111
中央情報局（CIA）	161	でんきの礎	158
中間圏	60	電気火花	30, 38
長距離送電	139	電気盆	24, 40
超短波	160	電気流体	30, 32
超短波研究所	160	電子	32, 46
超伝導	97	電磁界RAPIDプロジェクト	145
直流送電	143, 168, 175	電磁波	60, 65, 69, 179
直流送電線	53, 143	電子密度	60
直流電界	78, 88, 93	電磁誘導	18
地理極	123	電磁誘導則	116, 118
		電磁両立性	175
通信アンテナ	141	電子レンジ	158
		天然原子炉	63
ディキシントン変電所	143	天保の大飢饉	43
ティコ・ブラーエ	2	電離圏	60
低周波電界	71, 77, 115	電離層	47, 66, 70
低周波電磁波	64, 68, 141	電力研究所	135
ティンバーゲン	136	電力密度	162, 164

索引　187

電話機	171, 172
東京電灯会社	170
同調因子	77
動物磁気	10, 13, 15
動物電気	20, 22, 39, 156
遠山景元	131
徳川家定	45
徳川家重	39
徳川家斉	43
徳川家光	5
徳川家茂	44
徳川家康	4
徳川吉宗	39
徳冨健次郎（蘆花）	25
トムソン	32, 168
豊臣秀吉	4
ドライブ・シミュレータ	71
トラクター	9
トランジスタ	173
鳥の渡り	65, 127, 128

な 行

ナイアガラ瀑布	139, 149, 168
ナイアガラ瀑布発電所	168
内部同期はずれ現象	75, 77
内分泌機能	103
長尾郁子	13
中家屋敷	36
中谷宇吉郎	13, 48
夏目漱石	6, 19, 157
ナポレオン	24, 51
ナマズ	109
ニコラス・コペルニクス	2
二相交流発電機	168
日周性リズム	73
ニューコメン	107
ニュートン	60
ニューヨーク州送電線プロジェクト	143, 145
二流体説	30, 32
能動的電気定位	117
能動的な座礁	118
能動的な電気受容	115
脳波	68, 71, 111
ノーベル化学賞	17, 59, 154, 156
ノーベル生理学・医学賞	22, 98, 136
ノーベル物理学賞	32, 47, 97, 154, 174
ノレ	30, 85

は 行

パーキンス	9
パーシー・シェリー	23
ハーシェル	60
パーシェル	98
パール・ストリート	168, 174
パールチェン形成	164
倍周期現象	75
配電システム	175
ハイドン	11
ハイパーサーミア	160
パイル	24
ハウンズフィールド	98
白熱灯	172
橋本宗吉（曇斎）	33
パスカル	51
八月三日の夢	13, 15
発がん性カテゴリー	146
発がん性評価	146
ハックスレー	22
バッテル研究所	104
パブロフ	163
ハムレット	3
パラケルスス	6, 8
ハロルド・ブラウン	174
反磁性	12, 123
反応時間	69
ハンフリー・ディヴー	18
ビーガル	138

ピエール・キュリー	154
ビオ	95
ビオ・サバールの法則	95
光受容器	101
氷川清話	43
比吸収率	134, 164
久生十蘭	40
微小重力環境	82
ビッグバン	123
一橋慶喜	43
氷島奇談	27
避雷針	29, 33
平賀源内	38, 131
平賀源内捕物帳	40
ファラデー	18, 111
ファブレ	134
ファラデー定数	19
ファルコナー	9
フィラデルフィア	168
フィリップ・レーナルト	47
フェイチング	145
フェーン	49
フォード	162
フォスター	163
フォン・クライスト	37
福翁自伝	25
伏角	3
福沢諭吉	25
副腎症候群	52
福来友吉	13
藤岡市助	179
襖障子ごしに百人嚇を試る図	41
不定愁訴	139
ブラウン	174
ブラウン管	173
ブラック	107
ブラック・マンデー	58
ブランクの法則	61
フランクフルト万国電気博覧会	139
フランクリン	11, 29, 37, 51
フランクリンの手紙	28

フランケンシュタイン	23, 26
フランツ・アントン・メスメル	10
フリーマントル	160
フリーランリズム周期	75, 77
ブリックス（BRICS）	53
プルタルコス	84
フルトン	107
ブルン正磁極期	124
フレア	58
フレー	164
ブレークモア	126
ブレジネフ	162
フレミング	173
プロジェクトELF	142
ブロッホ	98
プロトン	98
プロメテウスの火	157
分割陽極マグネトロン	158
ベクレル	154
ベックマン	9
ベトノルツ	97
ヘモグロビン	100, 123
ヘラクレオフォービア	156
ペリー	44
ベルガー	68
ベルサイユ宮殿	30, 32
ヘルツ	47, 179
ヘルツ波	179
ベルトロン	86
ヘルムホルツ	179
ペレツ	74
ヘレン・ケラー	172
ヘロフィロス	101
扁鵲	7
ベンジャミン・フランクリン	27
蜂群崩壊症候群	132
放射線	64
放射線防護測定審議会	165
放射線ホルメシス	65
放電	71

方法序説	102
ボーム	175
ホーレス・ウォルポール	26
ホジキン	22
ホダ木	84, 89
ホタル	16
ポルク	66
ボルタ	22, 24, 51, 156
ポルフェリン	123
ボンネビル電力庁	135

ま 行

マー	88
マーク・トウェイン	149
マイクロウェーブ・オーブン	158, 164
マイクロ波	66, 165
マイクロ波送電	166
マイケル・ファラデー	12, 22
マイケルソン	163
マウンダー極小期	57
マグデブルグの半球	37
マグネタイト	126, 128, 137, 139
正岡子規	19
摩擦起電機	37, 39
摩擦電気	27, 30, 37, 80
マックス・プランク	60, 180
マックスウェル	173, 179
松本伍良	153
松山逆磁極期	124
松山基範	124
間宮林蔵	80
マリア・テレジア	32
マリー・アントワネット	11
マリー・キュリー	154
マルクス・アウレリウス	6
マルコーニ	150, 152, 173, 179
マンスフィールド	98
三浦按針	4
ミストラル	49
水の蒸発	92

ミツバチ	126, 132, 134, 138
水戸光圀	33
ミネソタ州環境委員会	144
ミネソタ州保健局	143
御船千鶴子	13
宮沢賢治	83
ミューラー	97
ミュッセンブルーク	37
ミラー	59
無線通信	150, 152, 171, 173
無線電力伝送	165
メアリー・シェリー	23
明暗周期	73
メスメリズム	12
メスメル	12, 15
メラトニン	100, 103
メラトニン仮説	104
メンデルスゾーン	172
メンロ・パーク	168
メンロ・パークの魔術師	172, 175
網膜	101, 104
モース硬度	126
モーツァルト	11, 51
モールス	22, 44, 171
モールス信号	170
モスクワ・シグナル事件	161
森亘	103
モンテ・クリスト伯	170

や 行

八木秀次	158
山川健次郎	13
耶楊子	4
ヤン・ヨーステン	4
ヤング	141
誘電加熱	163
誘電分散	164

ユーリ	59
溶融鉄	4, 122
ヨーゼフⅡ世	11
吉田松陰	41
ヨハネス・ケプラー	2

ら 行

雷雲	45
ライター	71
ライデン瓶	27, 30, 37, 110
雷放電	46, 66, 68, 70
落雷	26, 46, 67, 69
ラグランジェ	80
ラジカル対	128
ラボアジェ	11, 25, 80
藍藻	59
リーパー	145
リーフデ号	4, 8
リッター	60
リッツ	128
リヒテンベルグ	25
リヒテンベルグ図形	25
リヒマン	29
量子論	60
緑藻	59
リンダウ	136
ルイ15世	30
ルーベンス	7
ルシア	21
ルシフェリン	17
ルシフェリン・ルシフェラーゼ反応	16
ルター	51
ルネ・デカルト	2, 101
レ・ミゼラブル	27
レーガン	142
レーナー	103
レオナルド・ダヴィンチ	51

レクテナアンテナ	166
レジョン・ドヌール勲章	25
レナード効果	47
レムストレーム	87, 89
錬金術	7
ローターバー	98
ローレンチーニ器官	111, 113, 117
ローレンツ	136
ロバート・ノーマン	3
ロビソン	107
ロビン・ベーカー	137
ロビンソン・クルーソー	33

わ 行

ワーカー・パイピング	134
ワーグナー	51
若きウエルテルの悩み	50
吾輩は猫である	6
ワシントン	33
渡辺崋山	43
渡り電信技師	167

著者紹介

重光　司（しげみつ　つかさ）

　　大分に生まれる。北海道大学工学部電子工学科卒業。北海道大学大学院博士課程終了。工学博士。(財)電力中央研究所，ならびに電磁界情報センター勤務を経て現在に至る。この間，平成21～23年度日本学術会議連携会員を歴任。
　　1974-1976年に西ドイツ（当時）マックス・プランク生理学研究所研究員。専門は生体電磁工学。

著　書

『Electromagnetic Fields in Biological Systems』
　　（分担執筆，CRC Press，2012）
『Bioengineering and Biophysical Aspects of Electromagnetics Fields』
　　（分担執筆，CRC Press，2007）
『Electromagnetics in Biology』
　　（分担執筆，Springer verlag Tokyo，2006）
『電磁場生命科学』
　　（分担執筆，京都大学学術出版会，2005年）
『生体と電磁界』
　　（編著，学会出版センター，2003年）
『生物・環境産業のための非熱プロセス事典』
　　（編著，サイエンスフォーラム，1997年）

電気と磁気の歴史　人と電磁波のかかわり

2013年 5月20日　第1版1刷発行　　　　ISBN 978-4-501-11630-9 C3054
2014年 5月20日　第1版2刷発行

著　者　重光　司
　　　　Ⓒ Shigemitsu Tsukasa 2013

発行所　学校法人 東京電機大学　〒120-8551　東京都足立区千住旭町5番
　　　　東京電機大学出版局　　　〒101-0047　東京都千代田区内神田1-14-8
　　　　　　　　　　　　　　　　Tel. 03-5280-3433（営業）03-5280-3422（編集）
　　　　　　　　　　　　　　　　Fax. 03-5280-3563　振替口座 00160-5-71715
　　　　　　　　　　　　　　　　http://www.tdupress.jp/

[JCOPY] <(社)出版者著作権管理機構 委託出版物>
本書の全部または一部を無断で複写複製（コピーおよび電子化を含む）することは，著作権法上での例外を除いて禁じられています。本書からの複写を希望される場合は，そのつど事前に，(社)出版者著作権管理機構の許諾を得てください。また，本書を代行業者等の第三者に依頼してスキャンやデジタル化をすることはたとえ個人や家庭内での利用であっても，いっさい認められておりません。
［連絡先］Tel. 03-3513-6969, Fax. 03-3513-6979, E-mail: info@jcopy.or.jp

印刷：三立工芸㈱　製本：渡辺製本㈱　装丁：鎌田正志
落丁・乱丁本はお取り替えいたします。　　　　Printed in Japan